香山リカ

イヌネコにしか心を開けない人たち

GS
幻冬舎新書
070

イヌネコにしか心を開けない人たち／目次

第一章 戸惑いのペットブーム

強面な論客たちのペット自慢

メディアに関する勉強会のためにもうけられたフォーラム神保町というスペースがある。中心となって運営しているのは、作家の宮崎学氏、ジャーナリストの魚住昭氏、外交官の佐藤優氏だが、私も運営委員のひとりということになっている。

あるとき、その勉強会で講義をする順番がまわってきたので、私は少し早めに会場に入り、場内の打ち合わせスペースで宮崎氏や佐藤氏と打ち合わせをしていた。

その途中、どういう話の流れからだったか、佐藤氏が「私の場合は三匹のネコさえ養えればいいので」といったことを口にしたので、私はすかさず「え、佐藤さん、ネコ飼ってるんですか？　ケータイに写真ないんですか？　見せてくださいよ」と頼んだ。すると、「ケータイの写真はないんだけど」と言いながら佐藤氏は、ファイルにはさんである写真を見せてくれたのだ。

そこには、三匹の愛らしい和猫がのんびりと日なたぼっこをしている姿が写っていた。

稀代の論客とネコたちの写真。意外な組み合わせのようでも、逆に妥当であるような気もする。

私が「カワイイ!」などとお決まりの言葉を連発しながら写真に見入っていると、その隣にいた宮崎氏が「ほら、ウチにもいるよ」と携帯電話を差し出した。そこにいたのはネコではなく、ぬいぐるみのような小型犬だった。

さらに、その隣にいた元日刊ゲンダイ編集長の二木啓孝《ふたつきひろたか》氏までが、「じゃ、こっちも」と携帯電話を見せる。そこにも小さなイヌが写っている。

そうなれば自分も見せないわけにはいかない、と私は、携帯電話の待ち受け画面にしているイヌとネコが重なって寝ている自慢の写真を、「ほらほら」と水戸黄門の印籠のように彼らのように向けて見せた。

「なーんだ、みんないっしょだな」

宮崎氏が笑った。もちろん私も大笑いしたが、これから始まる講義や議論を緊張した面持ちで待つ会場の聴衆と、パーティション一枚隔てた控え室でペットの写真を見せ合って笑う運営委員たちのギャップが、なんとも不思議に感じられた。

そもそも強面《こわもて》として知られる宮崎氏や佐藤氏、二木氏が、小型のネコやイヌの前で

「ヨシヨシ〜」などと相好を崩したり、ワンワン、ニャーンと要求されて「ハナちゃんにはかなわないなあ」などとおやつを与えたりしているところを想像すると、微笑《ほほえ》ましさを通り越して、こう言っては失礼だがやや異様な気さえしてしまう。その飼い犬がドーベルマンやシェパードならなんとなく理解もできるが、なんといってもおもちゃのような小型犬なのだ。

もちろん、そこでわれ先にと写真を見せた私も人のことは言えない。しかも、私の場合は「イヌかネコ」ではなく、「イヌとネコ」なのだ。見せた写真に写っていたのは一匹ずつだが、実はネコがあと三匹もいる。さらに、仕事場にもスタッフたちといっしょに飼っているネコがあと一匹。仕事場に来ても自宅に帰っても、いちばん初めにするのはイヌやネコに餌を与えること、という毎日だ。

イヌ一匹・ネコ五匹に囲まれた私の生活

子どものときから動物は大好きで、実家でも常にイヌやリス、鳥などをたくさん飼っていた。イヌやネコに囲まれた今の生活も、自分では単なる昔からの生活の延長としか思っていなかった。とはいえ、さすがに自宅にイヌ一匹にネコ四匹、仕事場にさらにネコ一匹というのは、多すぎるような気がする。さらに、その写真を携帯電話でたくさん撮って、それほど親しいわけでもない人にまで自慢げに見せるというのは、やはり〝やりすぎ〟なのではないか。

自分自身の動物好きがエスカレートしているのを自覚するとともに、最近、世間のペットブームもやや行きすぎではないか、と感じる場面が多い。

産経新聞の連載企画「溶けゆく日本人」の「ペット溺愛　寂しさ故の〝人間待遇〟」の回にも、「ペットを『大切なうちの子』と呼ぶ飼い主たち。衣食住から、しつけの教育、医療、レジャーまで、〝人間並み〟の待遇をしてやりたいという思いはエスカレートするばかりのようだ」とあり、次のような事例が紹介されている。

アメリカ・ロサンゼルス発の愛犬用ブランドが注目を集めている。三年前に日本での販売が始まり、現在、東京、大阪、神戸など全国に一一店ある。日本で店舗展開している衣料品メーカーによると、主力商品の犬用ウエアは一万〜二万円台という価格帯だが、年間の購入総額が数百万円に上る客もいるという。大阪・心斎橋の店舗では、対前年比五〇％増という売り上げを記録した。

「ビーフステーキローズマリー風味」「鮭の南蛮漬け」「黒豆入り和風チーズケーキ」…。一〇種類のおいしそうな料理が詰め合わされたおせち。セブン－イレブン・ジャパンが昨年末、初めて販売した犬用の「NEW YEAR〝わんダフルおせちセット〟」だ。試験的に首都圏エリアでの限定販売だったが、予約が殺到。当初の予定よりも販売数を増やして対応した。

今年に入って、ひな祭りに向けて〝わんダフルマフィンセット三個入り〟を企画したところ、こちらもすぐに予約がいっぱいに。「ペットが家族の一員になっていることを実感します。おいしいもの、安全・安心なものを食べさせたいというニーズが本当にあるんですね」と担当者も驚きを隠せない。

（二〇〇七年三月二十一日付WEB版）

三九〇万円の室内犬用ベッドまで

しかし、これくらいで驚いていてはいけない。二〇〇七年七月六日のスポーツ報知には、次のような記事が載った。

サンリオは三九〇万円の室内犬用ベッド（ドッグハウス）などを日本橋三越本店で二十四日から三十日に開催するイベントで販売する。囲い付きのドッグハウスは限定一個で高価なクリスタルガラスを七六〇〇個使い、クッションに人気キャラクターのハローキティの顔をデザイン。高級ペット用品会社と提携して製作した。

もちろん、この三九〇万のベッドは話題作りのための商品であって、サンリオも実際に売れることは期待していないとは思うが、三〇万円近いルイ・ヴィトンのペットキャリーバッグ、二〇万円近いエルメスの犬用首輪とリードなどは、すぐに品切れになるほどの売れ行きなのだという。

ペット業界の動向をまとめた『ペットビジネスハンドブック』（産経新聞メディックス）の

二〇〇六年版によれば、ペット関連ビジネスの市場規模は現在、一兆円を超えると考えられている。実際のペット販売業だけではなく、ペットフードや動物病院、ペットホテルなどの分野も成長が続いている。

また、ペットフードメーカーなど六七社で構成する「ペットフード工業会」が二〇〇六年十月に行った調査では、全国で飼育されているイヌは約一二〇九万匹、ネコは約一二四六万匹と考えられている。イヌやネコの健康管理に対する関心度では、「大変気にしている」との回答が、二人以上世帯で、犬は五三・六％、猫は四〇・八％と、いずれも前年より七％前後、増加している。

数字の上からも、最近のペットブームとその過熱ぶりがうかがえるだろう。

精神の成熟？　それとも人間疎外？

もちろん、ペットブームが過熱しているからといって、それを即、否定的にとらえることはできない。先に引用した産経新聞の記事では、ペットブームの背後に飼い主たちの孤独を見てとろうとしているようだが、溺愛や高額なペット用品のヒットがなぜ人間の孤独の反映なのか、それを証明するのは実はむずかしい。

私自身、自分の動物好きをある種のヒューマニズムの結果だとして、長いあいだ、正当化していた。「動物が好きなのは心が豊かな証拠」と言う人さえいる。

もっと単純に考えて、景気が回復してきたから、経済的にペットを飼ったりペットのためにお金を使ったりできる人が増えている、とも言えるだろう。

ペットブームは、人間の精神の成熟や豊かな社会の反映なのか、それとも人間疎外や孤立化の結果なのか。

動物好きのダライ・ラマの自戒

「動物好きはよいこと」と信じて疑っていなかった私が、「さすがにこれは行きすぎ、過熱しているのではないか」と自分も含めた世の中のペットブームにやや疑問を抱くようになったのは、ダライ・ラマ十四世の自伝を読んでからのことだ。

ペットブームとダライ・ラマ？　と不思議に思う人もいるかもしれないが、チベットからインドに亡命し、一九七〇年代になってようやく欧米訪問が可能になったダライ・

ラマは、西欧社会に対する感想をこう述べている。

……大都市で便利に暮らしている人びとの多くは、実際には大勢の人間から孤立して生きているのではないか、と。これほど物質的に恵まれ、近隣の何千という人間のなかに暮らしていながら、猫や犬にしか心を開くことができない人がなんと多いことか。どこかおかしい気がする。これは心の貧しさを意味するのではないだろうか。またもう一つには、これら諸国の厳しい競争社会、そこから生み出されるおそれと人生への深い不安感があるように思う。

（『ダライ・ラマ自伝』文春文庫、二〇〇一年）

こんなことを言うダライ・ラマだが、実は「すべての生きものに慈悲を」という仏教徒のレベルを超えた動物好きのようだ。この自伝でも、亡命先の住まいで飼っていたイヌやネコの話にけっこうなページが割かれている。

それらのペットが死んでしまったとき、ダライ・ラマは「もう動物は飼うまい」と思ったそうだ。そのときの心情について詳しくは書かれていないが、おそらくは一般のペット愛好家と同様、こんなに悲しい別れはもう経験したくないと思ったのではないだろうか。

しかし、自伝ではそうとは書かれず、「それに仏教徒の立場からすれば、あらゆる生物のことを思い祈ってやらねばならぬのに、一匹や二匹の動物だけにかまけてすむのではなかろう」と自らを戒めるような言葉が記されている。

しかも、こうやって誓ったにもかかわらず、ダライ・ラマは家の入口の近くで病気の子ネコを見つけて引き取り、「自分で飲めるようになるまでピペットでチベット薬やミルクを補給してやった」そうなのだ。

「今も家族の一員として暮らしている」というそのネコは「まだ名前をもらっていない」とされているが、名前を与えていないからといってダライ・ラマが「一匹の動物にかまけて」はならぬという自らの誓いを破っていない、ということにはならないだろう。

それほど動物好きのダライ・ラマが、イヌやネコにしか心を開けない人たちを見て、あえて「どこかおかしい気がする」と言っているのだ。これはやはり、本当にどこかおかしいに違いない。

もちろん、精神科医として手助けをしなければならない人が病院にはあふれ返っているのに、そこからさっさと家に帰ってイヌやネコの世話に没頭するこの私も、もし面会の機会が得られたら、やはりダライ・ラマに苦言を呈されるだろう。

そして、ペットブームにわく今の日本社会はどうだろうか。イヌやネコといった動物を愛する人が増えることを否定するつもりはもちろんないのだが、何十万もする高価な洋服を着せたりブランドもののリードをつけたりする飼い主たちの姿に、「本当にこれでいいのか？」と疑問を持っている人もいるはずだ。

動物を大切にする社会は民度が高い？

二〇〇六年の年末、ある情報番組にコメンテーターとして出演したときのことだ。その少し前には、世間は〝がけっぷち犬〟救出の話題でわいていた。もう記憶も薄れているだろうから、〝がけっぷち犬〟についての記事を新聞から引用しよう。

徳島市の眉山北側斜面のコンクリート枠で身動きがとれなくなっていた犬が二十二日正午ごろ、無事に救助された。十七日に近隣住民からの通報を受けた消防・レスキュー隊が救出活動に当たり、高さ約七〇メートル地点から落下した犬を設置したネットによって無事捕獲。現場には住民ら多数の見物人が見守り、この模様をテレビ局が全国放送するなど、日本中が「がけっぷち犬救出劇」に沸いた。主役となった犬には、里親依頼が全国から約三〇件届いているという。

(中略)

昼時の日本列島が、名もなき犬の救出劇に歓喜した。孤立から六日目。頭上から迫る二本の手網に追い立てられると、犬は高さ約七〇メートル地点から落下した。「キャーッ!」。だが、真下に設置されたネットに犬が吸い込まれた瞬間「よかった～」と、拍手と安堵の声に変わった。

(スポーツ報知、二〇〇六年十一月二十三日)

このようなニュースを受けて、私が出演した番組では「木の上のネコ」の話題を取り上げていた。たしか、木に登って降りられなくなっている野良ネコを、消防署のレスキュー隊が出動して救出した、とかいうニュースだった。

可愛らしいネコが木から降りられなくなっている姿を見るとたしかにハラハラするし、無事に助けられたシーンでは思わず拍手したくなる。とはいえ、これが本当に全国ネットの放送で伝えるべきニュースなのだろうか。全国放送では必ず政治や国際情勢を語れ、とは言わないが、少なくともこのネコ以上の苦境に立たされている人間も日本にはたくさんいるのではないだろうか。

動物好きとしてはもちろん、頭で考えるより先に反射的に「わあ、助かってよかった」などと口にしてしまったのだが、そこでモニターに大写しになった自分の顔がなんとものんきに見えて、思わず顔を伏せたくなった。

すると、私の隣に座っていた男性のコメンテーターが、小声でこうつぶやいた。

「日本もやっとこのレベルになったか。動物をどのくらい大切にするかで、その国の民度がわかるんですよ」

CMのあいだに聞いたところによると、動物は人間以上に弱く何の権利も持っていないものだが、それに対してまで十分、配慮できるようになると、その社会は成熟していいると見なされるのだそうだ。

「その証拠に、ヨーロッパ諸国では動物愛護活動がとても盛んでしょう」

「たしかに、パリのイヌやロンドンのネコは、とても大切にされてる感じですよねえ」

と相づちを打ちながら、私は「どこかで最近、似たような話を聞いたことがある」と感じていた。その話を聞いたのが伊藤真氏の憲法に関する講演会だったことに気づいたときは、番組はすでに終了していた。

司法試験合格のための予備校のカリスマ塾長として知られる伊藤氏は、憲法問題についても積極的に発言している。

私が聞きに行ったのは「生きていくための憲法　自民党新憲法草案徹底批判」という講演会だったのだが、そこで伊藤氏は聴衆に、現憲法では第三十一条から三十九条までを使って被疑者・被告人の人権の保障が記されていることに注目を促した。新憲法草案でもその箇所はほとんど手を加えられていないのだが、その前の二十五条に「環境権」と並んでもうひとつ、新たに加えられたものがある。それは、次の通りだ。

「第二十五条の三（犯罪被害者の権利）

犯罪被害者は、その尊厳にふさわしい処遇を受ける権利を有する。」

これは明らかに、「現憲法では被疑者・被告人の権利ばかりが認められ、被害者の側の人権についてひとことも触れられていないのはおかしい」という声に答えて加えられたものに違いない。そして、多くの人はこの部分にそれほど疑問を抱かないのではないか、と思われる。

しかし、伊藤氏は講演で次のようなことを語った。「被害者の人権が認められるのは当たり前の話だが、善人の権利を認めるのが人権ではない。現憲法で加害者の人権だけが一見、〝手厚く〟守られているように見えるのは、その人たちだけを保護するという意味ではない。このように〝最悪の人間〟の権利でさえ守られる社会であれば、当然、それ以外の人の人権はさらに守られる、日本ではその人の善悪にかかわらず、とにかく〝人である〟というだけで個人が尊重される、ということを明らかにするために、この箇所はある。つまり、その社会が人権に対していかに敏感か、ということがここからわかるのだ。もしここで、被害者の権利という条項が加わると、そこから加害者その他の人権の制限につながる可能性がある」

「動物の権利まで守られるのは、民度の高い成熟社会」というそのコメンテーターの発言から、私は伊藤氏の「犯罪者の権利まで守られる社会は、人権意識の高い社会」という言葉を連想したのだ。

犯罪者の人権は失われていくのに……

私が出演したその番組で、「犯罪者の人権を守ろう」とか「新憲法に被害者の人権に関する条項をつけ加えるのはおかしい」とかいう意見が語られることはこれまでなかったし、今後もまずないだろう。それどころか、犯罪被害などの報道があるたびにコメンテーターたちの口から繰り返し語られるのは、「もっと被害者の人権を守れ」「加害者には厳罰を」といった意見がほとんどだ。

なぜ、「たとえ木の上に登ったネコであっても、動物は守られなければならない」ということは声高に語られるのに、「罪を犯しても人は人なのだから、人権は守られなければならない」ということは語られないのか。

なんとしても動物の権利を守る〝成熟した社会〟で、人間である犯罪者の人権のほうはどんどん失われる、というのは矛盾した話なのではないだろうか。

　おそらくこれに関しても、ダライ・ラマなら「動物にやさしくするのはけっこうですが、それならすべての人間に対しても慈悲を向けるべきです」と言うのではないか。

　私はそう思ったのだが、次にそのコメンテーターに会ったときにそれを伝える勇気はなかった。

第二章

医者も頼りにするペット

きっかけはベトナム戦争帰還兵のケア

「最近のペットブームはさすがに過熱気味じゃないですか」と口にすると、よく「でも、精神医療の世界だって最近はペットを使うんじゃないですか」と言われる。その人が言おうとしているのは、おそらく「アニマルアシステッドセラピー（動物介在療法）」と呼ばれている治療法のことだろう。

このアニマルアシステッドセラピーは、一六〇〇年代にヨーロッパで始まったという説もあるが、より多くの人に知られるようになったのは一九七〇年代のアメリカだと考えられている。

この時代、アメリカでアニマルアシステッドセラピーを受けたのは、主にベトナム戦争の帰還兵たちだ。ベトナム戦争は、アメリカ社会、とりわけ精神医療の世界にとって大きな意味を持っている。

アメリカから遠く離れたベトナムで長く続いた戦いに耐え、命を落とさずに本国に帰ってきた帰還兵たちの中では、ようやく平和で豊かな生活を手に入れられたにもかかわらず、心身の不調を訴える人たちが後を絶たなかった。彼らはなぜ、しつこい不眠を訴えたり、ギャンブルやアルコールに走ったり、仕事をしようとせずにふさぎ込んだり、やけにイライラして家族に暴力を振るったりするのか。ただの疲れや怠けなのだろうか。

こういったベトナム戦争帰還兵の問題は深刻な社会問題となり、「ただの怠けではない」という観点で検討を行う中で出てきたのが、「生死にかかわるような状況下では、心も深刻な傷を受け、その後遺症が長く続くのではないか」といういわゆる「心的外傷(トラウマ)」と「心的外傷後ストレス障害(PTSD)」の理論だ。

さらにその生物学的な研究も進み、「生死にかかわる恐ろしい体験」にさらされると、脳内ではアドレナリンを中心とした化学伝達物質が多量に分泌され、過覚醒状態、興奮状態が維持されることがわかってきた。そのような異常な状態が長く続くと、脳の中の海馬と呼ばれる部分が少しずつダメージを受ける。

海馬は、脳の中で記憶を司る部分だが、ここが障害を受けることで本来ならば忘れられるはずの恐ろしいトラウマ体験がかえって強烈に焼きつけられ、フラッシュバックとして鮮烈にその体験が蘇《よみがえ》る。また過覚醒状態が必要でない日常生活においても、このような化学物質の分泌が続き、不必要な興奮、暴力衝動などの原因にもなる。

このようなPTSDに注目が集まると同時に、これを解決するための新しい治療法もいろいろと考案された。そのひとつが、アニマルアシステッドセラピーだったのだ。

では、なぜペット動物がPTSDに効果的だと考えられたのか。それは、ペット動物と触れることで、患者が次のような感情や感覚を得ることが期待されるからだ。

・動物を見ると自然を感じることができる。
・ピュアである。裏切らない。誠実である。
・信頼できる。恥ずかしくない。気兼ねがない。
・スキンシップをとることで、シンプルな気持ちよさを感じられる。

とくに、このアニマルアシステッドセラピーの中でも研究が進んだのが、イルカを使ったドルフィンセラピーである。イルカは当時、PTSDの研究とは別にアメリカで注目を集めていたニューエイジブームの中で、「人間以上に賢い」と見なされていた動物だった。精神医療の新しいムーブメントとニューエイジ文化、そのふたつの交点にあったのが「イルカ療法」だったと考えられる。

イルカと自閉症児の交流

一九九三年には、フロリダ州のイルカ医学研究所のベス・スマート医師らが、「慢性的な激しい脊髄の痛みに苦しんでいた患者がイルカと泳いだら、その後に痛みが完全に消失した」という報告を行い、「イルカには特別な癒しの力がある」ということを広く世に知らせた。

またその後、精神科医らが、イルカと自閉症児を同じプールで泳がせたところ、彼らのコミュニケーション能力が上がった、という報告を相次いで行った。

ドルフィンセラピーのパイオニアのひとり、ベッツィ・A・スミス博士の『イルカ・セラピー――イルカとの交流が生む「癒し」の効果』（講談社ブルーバックス、一九九六年）には、自閉症児マイケルがイルカと泳いだときに起きた感動的なできごとが、このように記されている。

それは自由活動のときのことだった。マイケルはイルカのリトルビットの背中をポンと叩いては、じっと手をのせるという行為を繰り返していた。イルカはじっとしていた。両者がこのような不思議な行動を数分間つづけた頃、私はマイケルの肩をたたいた。すると私を見たマイケルの目に、涙があふれていたのだ。彼は空いていた方の手で、私の手を握った。マイケルの強い悲しみが伝わってきた。彼の気分は簡単には変りそうになかった。

（中略）つまり、こういうことだと思う。マイケルとイルカのリトルビットとの間に生まれた絆がとても強くなり、それを通じて、捕らえられて間もないリトルビットの悲しみ、広い海や群れの仲間を失ってしまった悲しみが、マイケルに伝わったのだ。

ドルフィンツアー参加の顚末

実は私は一九九〇年代後半に、伊豆の御蔵島で行われた「ベッツィ・A・スミス博士と行くドルフィンツアー」に参加したことがある。スミス博士はイルカ介在療法のパイオニアと呼ばれる女性で、この療法に興味を持つ人たちの招聘《しょうへい》でロスアンジェルスから来日したのだ。

スミス博士は、イルカが、健常者と心に障害を持つ人とで異なる対応をすることを発見し、それにヒントを得てイルカ介在療法を開発したのだという。

『イルカ・セラピー』を記したときのスミス博士はプールで飼育されたイルカで治療を行っていたのであるが、その後、「飼育イルカでは効果が薄い。自然のイルカでなくてはダメだ」という考えに至り、プールでのセラピーをやめたのだという。

だから、来日のときも、水族館などで飼育されているイルカではなくて、自然のイルカに会いに行き、そこでレクチャーを行いたい、と主張したそうだ。そこで組まれたのが「イルカ療法体験ツアー」だった。

当時、埼玉県の病院に勤務していた私は、一日休暇を申し出て、集合地の伊豆下田に向かった。どこでそのツアーのことを知り、なぜ参加したのか、よく覚えていないのだが、当時の病院勤務はあまりに激務で、「何か気分を変えたい」と思っていたことは確かだ。

下田からスタッフ四、五人、レクチャーを受ける生徒十人くらいというメンバーで、小型船舶に乗り込んだ。そこから、イルカがいる御蔵島まで数時間の航海に出かけるのだ。船の中で初めて会ったスミス博士は、ちょっとふくよかでやさしい笑顔の中年女性だった。私は、これから始まるドルフィンツアーにおおいに期待し、「もしかしたらこれがきっかけでこの治療に目覚め、ロスアンジェルスの研究所に留学したりするかも」という予感さえ抱いた。

しかし、期待が膨らんだのは出航までのことだった。船が岸を離れた瞬間、すぐに私は激しい船酔いに襲われ、デッキで横になったまま、一ミリも頭を上げられなくなってしまったのだ。あとからきくと伊豆七島のあたりは日ごろから波が荒く、ベテランの釣客などもときどき船酔いに苦しむのだそうだ。加えて私はその頃、病院の当直や激務で睡眠不足の日が続いており、それも船酔いに拍車をかけたものと思われる。

そういうわけで、スミス博士が船上で何をレクチャーし、海上でどういう実践法を教授してくれたのかほとんど覚えていないのだが、一つだけ印象に残っていることがある。それは、動物介在療法で何の動物を使うかは、その人の疾患や病状、希望に合わせて選択されるが、イルカ介在療法は、犬や羊などを用いたものに比べてその適応が広く、効果も大きい、という言葉だ。

デッキであえぐ私の上から、スミス博士のこんな声が響いてきたのを覚えている。

「馬だとコワイと感じる子もいるかもしれないけれど、水の中で遊ぶのは誰でも好きでしょう？　そしてイルカは、人間とのコミュニケーションに問題のある子たちと仲良くするのが、とても得意なんですよ」

『イルカ・セラピー』では、一般的な動物介在療法とイルカ介在療法の違いとして、次のようなことが指摘されている。

（動物介在）療法の根底にあるのは、動機づけのシステム、ないしは行動科学的なアプローチである。つまり患者は、動物の面倒を見るという特権をもらうか、または特別の課題をこなしたり特別の行動を示したりしなければ動物と交流させてもらえない。

（中略）イルカ合宿中に作り上げられた、イルカと子どもとの密な関係、あるいは交流や社会的まとまりのレベルの高さは、これまでの行動科学のモデルでは説明がつかないものだった。

（中略）子どもとイルカが対等な遊びの場で出会うことができれば、イルカが生まれながらにもっている資質（相手との絆を作ること、遊ぶこと、また相手への好奇心をもつこと）によって、「シェイピング」や「モデリング」では達成できないような進歩がもたらされるのである。

イルカ・セラピーだけでは救われないもの

現在は日本にも「NPO法人日本ドルフィンセラピー協会」が設立されており、イルカ・セラピーが実際に行われているとともに、「イルカと人の相互作用」は学術的見地からも研究されているようだ。

しかし、私はその後、イルカ・セラピーを専門にすることもなかったし、ロスアンジェルスにも留学しなかった。

それは、船酔いがひどくてスミス博士のセラピーをきちんと見られなかった、という理由も大きいが、それ以上に「ツアーに来た人たちのその後」を知ったことが大きかった。

患者さんの話になるので詳細は書けないが、そのツアーに参加した人のうち二人が、「埼玉の病院で精神科医をやってます」と自己紹介した私の病院にやって来ることになったのだ。イルカ・セラピーを使わずに、ごく一般的な医療でその人たちの治療をしながら私は、この新しい療法にひかれてツアーに参加した人たちの心に開いた〝穴〟の大きさにちょっとした衝撃を受けた。

「お金はあるけれど夫がまったく振り向いてくれない」「いまの学校は大嫌い。私もイルカになってしまいたい」といったその人たちの訴えを聞きながら、イルカ・セラピーだけでは救われないものがあるのではないか、と本格的に学ぶ前にその限界を知ったような気になってしまったのだった。

第二章

私のペット偏愛歴

極力語らずにきた「動物好き」

精神科医という仕事柄、私はこれまで個人的な好き嫌いや趣味などについては、極力、語らないようにしてきたつもりだ。

たとえば、「趣味は？」ときかれると「音楽やプロレスです」程度の答えはするが、それ以上、「旧ソ連の現代音楽の中でもとくにシュニトケとグバイドゥーリナが好きで」「プロレスならインディーズ系、旧ＩＷＡジャパン系のハードコアデスマッチには目がありません」などと具体的に語ることはなるべく避けてきた。

警戒しすぎ、と言われるかもしれないが、精神科医としてはくっきりした個性を持つこと、いわゆる〝キャラが立つこと〟は、患者さんたちの先入観や幻想を強化するだけで、治療には必ずしもプラスではない。私は幸か不幸か、中肉中背、年相応の没個性的な外見をしており、知人と待ち合わせをしても「あ、気づかなかった」と見逃されてしまうほどなのだが、それは精神科医としては非常に有利なことであったと思っている。

さてそのようにして、極力、プライベートな部分は表に出さないようにしてきた私は、「動物が好き」ということもこれまであまり語らずにきた。「音楽好き」というのは趣味としてはごく一般的であるし、「プロレス好き」というのはいわゆる〝ご愛嬌〟として許容範囲のはずだ。しかし、「動物好き」というのは、その人の性格、考え方から生活の姿勢までを連想させる広がりを持つ特徴のような気がする。

そのような理由で、私はこれまでインタビューで仕事以外のことをきかれても、「動物が本当に好きなんですよ」とは答えずにきた。逆に言えば、「動物好き」はそれくらい私自身の人格や人生にとって重要な要素だということになるかもしれない。

我が身より人間より、動物が大事

私がものごころついてから最初に見た映画は、イルカと少年のかかわりを描いたディズニーの実写作品だ。タイトルは覚えていないのだが、傷ついたか群れから離れたかしたイルカが、海辺に住む少年一家に助けられて自宅裏にあるプールのようなところでケアを受け、やがて大海に帰っていく、といった内容だった。

ありがちといえばありがちな話だが、たしか三歳だった私には、少年とイルカの別れのシーンはあまりにも残酷で悲しいものに見えた。それでも映画館ではなんとか最後まで見て帰宅した後、我慢しきれなくなって何時間にもわたって大声で泣き続け、両親も対処に困ったという。

その頃、自宅の小さな庭では二匹のイヌを飼っていた。その前にも雑種犬を飼っており、気づいたときには動物がいる、という人生だったのだ。それもあってか、イルカと少年が引き裂かれるようにして別れる、というのは、どう考えても納得がいかなかった。

そして、それから長いあいだ、その映画のことを突然、思い出しては胸がつぶれそうな思いを味わった。私にとっては一種のトラウマ体験だったのだろう。それ以来、動物を見ると、ふつうに「かわいい」と感じるのと同時に、「この動物もあのイルカのようにどこかに行っちゃうのだろうか」という思いが頭をよぎるようになってしまった。

しかし、動物を見るたびに別離の恐怖におびえ、実際に飼い犬が死んだり逃げて帰らなかったりして別離の悲しみ、苦しみを味わうことになっても、実家には常に犬、リスやハムスター、モルモット、九官鳥、インコなど、いろいろな種類の動物がいた。私自身も、その後生まれた弟も、父親も母親も、基本的にはかなりの動物好きであったのだ。

私が子ども時代をすごしたのは北海道の小樽市だが、地震の少ないそのあたりが十勝沖地震の被害を受けたのは、小学校二年生のときのことだった。その日、たまたま風邪で学校を休み、部屋で寝ていた私は、「地震よ、早く外に逃げて」という母親の叫び声に従って、パジャマのまま玄関から飛び出した。自宅は小さな産婦人科医院を開業していたので、診療中の病院の職員や患者さんまでが、慌てて外に出てきた。地面はまだグラグラと揺れている。

「よかった、みんないるわね」と母親が安堵の声をあげたが、そのとき私は、居間にいたはずの飼いイヌがいないことに気づいた。そして、何も考えずに自宅の中まで戻って、そのヨークシャーテリアを抱き上げて、再び外に出た。

その間、三十秒くらいのことであり、家そのものが崩れるようなこともなかったので危険もなかったのだが、「さっきまでいた娘がいない!」と両親は慌て、その後、イヌを抱いて戻ってきた姿を見て今度は驚きあきれたようだった。もちろん、「何かあったらどうするの」と怒られたが、私としてはイヌを助けることで頭がいっぱいで、自分の身の危険のことなどいっさい気にならなかった。

このように、私には、動物を飼い出すとすぐに「我が身より動物が大事」という気持ちになる傾向がある。さらにこの傾向は、自分が飼育する動物を超えて、ほかの動物にまで広がることもある。つまり、「人間より動物が大事」と思ってしまうのだ。

人間への嫌悪・敵意と表裏一体

後述するように、私に限ったことではなく、世界中で動物愛護活動をする人の多くが、「人間より動物が大事」という考えにとりつかれている。

はじめは「人間の都合を優先するのはやめよう」あるいは「動物と人間の共存」と穏やかなことを言っているのだが、いつの間にか「動物のためには人間が我慢すべきだ」、さらには「動物のためには人間が多少、犠牲になっても仕方ない」という極端な考えにまで発展しがちなのだ。

たとえば、二〇〇二年五月六日、オランダの極右党党首ピム・フォルタイン氏を暗殺したのも、動物愛護や環境保護に熱心に取り組んでいる活動家だった。もちろん暗殺の理由がその動物愛護活動と関連したものであったかどうかはわからないが、犯人の中で「動物は救うべきだが、フォルタインは死ぬべき」という価値観があったのは確かだ。

そしてそもそも、同性愛者であることを公にしていたフォルタイン氏自身も、スキンヘッドでスタイリッシュな洋服に身を包み、いつも自家用の高級車に乗るときはプードルを二匹抱いていたとも言われる。移民に対する人種差別的な敵意をむき出しにし、オランダからの排斥を訴えていたフォルタイン氏だが、おそらくそのプードルたちに対しては無限の愛情を注いでいたことだろう。

このように、動物愛護活動はときとして、動物以外つまり人間への嫌悪や敵意などと表裏一体となる危険性があるのだ。この問題については、また章を改めてくわしく述べたい。

いずれにしても、私自身にも人生のごく早期からこの傾向、「動物への独善的で一方的な愛情と、人間への愛情の希薄さ」が認められたことを自覚している。

学校での友だちや先生とのかかわりはごく表面的なものにとどめ、授業が終わると一目散に家に帰る。そして、尻尾をちぎれんばかりに振って出迎えてくれるイヌや「コンニチワ」などと話せるセキセイインコとともに、心から楽しい時間をすごす。親に「勉強しなさい」と言われると、「あ、ちょっと散歩に連れて行かなきゃ」とイヌを連れて近所の神社まで出かけ、境内の階段に腰をかけて時間をつぶした。

つまり、動物はときとしては〝心の友〟であり、ときとしては現実逃避の手段であったのだ。そのことが動物にとってはうれしいことなのか迷惑なのかまで考える心の余裕は、とてもなかった。

この「心の余裕がないときほど動物に夢中になる」というのも、世間一般で広く見られる傾向である。自分自身がそうであるにもかかわらず、私は長いあいだ、自分の心にも生活にもゆとりがある人が動物好きとなって動物愛護活動に身を投じるもの、と思っていた。しかし、どうもそうとは言いきれないらしい、ということが、最近わかってきた。その問題についても章を改めてくわしく検討したい。

　このようにして、実家では常にイヌを中心とした動物が飼われていた。私自身が学校や就職で実家を離れて暮らすようになってからも、動物は絶えることなく飼われ、私は動物の顔見たさにかなり頻繁に帰省し続けていた。

　実家の状況に変化が生じたのは、今から十二年ほど前のことであった。当時、六十代だった父親が思わぬ病気で入院、手術をすることになり、医院を一時、閉鎖しなければならなくなったのだ。その当時、私は実家から遠く離れた土地で精神科病院に勤務しており、弟は歯科医の道を選択していた。

　本来ならば私か弟が実家に戻り、なんらかの形で医院を継ぐべきだったのかもしれないが、「動物には愛情深いが、人間どうしの関係にはクール」な私の家では「子どもは親の仕事を継ぐ」といった発想が誰にもなかった。

　幸い、父親の手術はそれなりに成功し、数カ月の入院のあと退院することができたのだが、体力の衰えは隠せなかった。

　父親が退院してまだ二カ月ほどしかたっていない頃、そのとき飼っていたシーズー犬が十歳で死んだ。この犬種は口吻や気道が短く、呼吸に伴って心臓に負担がかかりやすいことから、心不全などの疾患にかかりやすいのだ。そのときのイヌも循環器系の疾患を持っており、寿命よりは少し早く死んでしまった。

私は当然、また次のイヌを飼うのだろう、と思ったのだが、自分たちの体力に不安を持った両親は、「もうイヌを飼う自信がない」と言い出した。そう言われれば、こちらもそれ以上、「なんとしても飼ってくれ」と強制することはできない。実家に帰ったときに動物がいない、という生活は想像もできなかったが、これもまた仕方ないのかな、と思った。

しかし、イヌが死んで一カ月後くらいに実家に寄った私は、「これはまずい」と直感した。家の中が文字通り〝灯が消えたように〟暗く、両親の会話もほとんどないのだ。

父親は病後のからだをソファに横たえて居眠りをしているだけ。顔色も冴えない。そして、父親に「どうなの、具合は？」ときいたときに返ってきた答えを聞いた私は、あきれながらも「とにかくこのままではいけない」と心を決めた。父親はこうつぶやいたのだ。

「まあ、体調のほうはそこそこなんだけど。でも、こんなことを言うのも不謹慎だが……おふくろが死んだときより悲しくて」

弟と相談して、その暮れに帰省するときに、シーズーの子イヌをペットショップで飼って連れて行くことにした。案の定、「もう飼えないって言ったじゃない！」と激怒していた両親は、翌日には「しょうがないなあ」とその子イヌを家族の一員として認め、何事もなかったかのようにまた、動物のいる生活が戻ってきたのだった。

はじめて体験した精神的クライシス

その後、父親は低空飛行ながらなんとか生き長らえ、母親もこれといった大きな病気もしないまま、あっという間に再び十年の月日が経過した。そしてついに、ないしょで買って連れて行ったそのシーズーも寿命が尽きる日がやって来てしまったのだ。

このイヌを飼うときは、「父親がこのイヌより長生きすることはあるまい。だから、もう二度と〝おふくろが死んだときより悲しい〟と思うこともないだろう」と踏んでいたのだが、人生は思い通りにいかないものだ。

両親にとって、七十代を迎えてからの飼いイヌの病気や死は、六十代のときのそれとは比べものにならないほどのショックや喪失感であったようだ。さらにそのショックは、折にふれて帰省して両親の様子を見ていた私にも伝播した。

そこには、イヌがいないという悲しみだけではなく、私の前で隠そうともせずに涙を流す両親の老いた姿へのショックや、「肝心なときに私がいてあげられないとは、私は親不孝だ」という自責感などさまざまな感情が複雑に入り混じっていた。

実家から戻っても私はしばらく、ぼーっとした状態、いわゆる感覚麻痺と呼ばれるショック状態から立ち直れず、どんなにダイエットを試みてもいっこうに減らない体重があっという間に数キロ減った。

それと同時に、三歳のときに見たあのイルカ映画の映像からこれまで飼っていた死んだ動物たちの顔や姿までが、まじまじと目に浮かぶようになってきた。これは、心的外傷を経験したときのフラッシュバック反応に相当すると思われる。その犬の死を機に、動物にまつわるトラウマがすべてよみがえってきたのだ。

私はこれまで、プライベートの人生ではそれほどの大事件や大災害などには遭遇せずに生きてきたのだが、精神科医という職業の中では、書きつくせないほどのいろいろな体験をしてきた。端的に言えば、自分の命が危険にさらされたこともあるし、患者さんの命が失われてしまったこともある。

しかし、それらは私にとっての反省材料にはなっても、決してトラウマにはならなかった。もちろん、そのときの場面をフラッシュバックのように突然、思い出すことはあるが、トラウマ体験の想起のような不安や恐怖は伴っていない。「もっとこうするべきだったのではないか」という後悔の感情があるだけだ。

ペットを喪失したことに伴う悲しみや痛みは、それとは明らかに質が違っていた。ペットが死んだだけで、深刻な心的外傷後ストレス障害に似た症状が起きてしまうとは……。精神科医である自分がこんなことでいいのだろうか、という情けなさが押し寄せるが、死んだ犬への思慕は強まる一方。

私は、生まれてはじめての本格的な「精神的クライシス」を体験していたのだ。二〇〇五年の夏のことだった。

自分の無力さが身にしみる

町を歩いていても、楽しそうに語らったり笑ったりしている人たちがなんだか遠い世界にいるように見える。食欲もまったくなくなり、会食などで無理して何かを食べても味がしない。犬のことを考えていないときでも、突然、その姿が頭に浮かび悲しみの強い感情に襲われる。これこそPTSDの「感覚麻痺」や「侵入性想起」にほかならない。しかし、「これがそうか」と自分の症状を認識しても、少しもそれが軽くならないのだ。

「どうしよう……これじゃ本格的な心の病になってしまう」と思ったが、弟に尋ねてみると、実家の両親はもっとひどい状態だという。しかも親は、「今度こそはもう絶対に動物は飼わない。自分たちだって明日にも死ぬかもしれないんだから」など穏やかならぬことを言うばかり。

これでは両親も私もどうかなってしまう、いっそのこと私が実家に帰省しているときに家が崩壊していっしょにあの世に、というほうが幸せなのでは、といった破滅的な発想さえ頭に浮かぶようになった。

そのとき立ち寄った本屋で、『ペットたちは死後も生きている』というスピリチュアル系の本をつい買ってしまったことなどは、また章を改めて述べたいと思う。

そういった数カ月を経て、結局、私は新しい犬を飼うことになった。そのプランを話したとき、母親は「その犬を私たちに押しつけようとしているんでしょう！ 絶対イヤよ！」と絶叫したのだが、その年の暮れに「お正月のあいだだけいっしょに帰っていいでしょう」と連れて行って顔を見せた瞬間に両親とも相好を崩し、それ以来、犬は数カ月おきに実家と私の家を行ったり来たりしている。

「この先、どうする？」「もし、この犬にも何かあったら？」などと考えるべきことは多いが、今は「まあ、そのときはそのとき」と思っている。というより、そう考えるしかないのである。

このようにシビアなペットロスを経験してから、私は、自分には偉そうなことを言う資格はないのだ、とつくづく感じた。精神医学の知識も、自分の持ち前だと自負していた批判精神も、たった一匹のイヌを亡くしたという体験を前にして、いっさい何の役にも立たなかったのだ。

第四章

メロメロ知識人が増える理由

「自分が生きてこられたのはミケのおかげ」

わが子のこととなると客観性を見失い、メロメロになってしまうことを、俗に「親バカ」という。

この「親バカ」は、一般的には微笑ましいものとして容認されているが、それでも公共の場や仕事の場であまりの「親バカ」ぶりを露呈するのは、いまだにはしたないこと、恥ずかしいこと、と思われている節がある。

常識的に考えれば、わが子のことを自慢する「親バカ」が顰蹙《ひんしゅく》を買うのであれば、自分が飼っているイヌやネコなどペットへの愛情について語りすぎるのはもっと恥ずかしいこと、となりそうだ。

ところが、人前では恥ずかしがって子どもの話をそれほどしないようなタイプの人が、逆にペットのこととなると歯止めがきかなくなる、という場合がある。

たとえば、芥川賞作家にしてフランス文学者の松浦寿輝氏のエッセイ集『散歩のあいまにこんなことを考えていた』（文藝春秋、二〇〇六年）は、ペットのネコについて書いている箇所とフーコーなどの哲学、文学について語っている箇所とでは、トーンがまったく違う。

このエッセイ集を書いているあいだに、筆者の愛猫であるミケが世を去る。そのことを読者に告げるエッセイは、最初から最後までが悲しみに満ちている。

> ……それにしても、こんなに恐ろしい喪失感が襲ってくるとは。
>
> ミケが死んだらさぞかし悲しいだろうなあと漠然と考えてはいたけれど、いざその時が来てみると、軀の底から突き上げてくる苦痛と空虚感は、そんな抽象的な予想をはるかに越えたものだった。とにかく自分自身の半分が、いや半分以上が死んでしまったような気がする。（中略）
>
> こう書きながら、またわたしの顔はぐしょぐしょになっている。何を見ても、何をしても、ふとしたきっかけで涙が流れ出して止まらなくなる。（中略）
>
> ……こんな状態が続くと俺も死ぬな、と思った。が、これっきり死んでもかまうものか、という思いも実は多少ないでもない。（中略）

……わたしは彼女のおかげで、これまで何とかかんとか生き延びてきたのである。

最後の「わたしがこれまで生きてこられたのは、ひとえにミケのおかげである」というフレーズは、ほかのエッセイでも繰り返されている。

長年、飼っていたペットの死が、飼い主にどれほどの喪失感をもたらすかは、想像にかたくない。精神科医の私も簡単に陥ったこのペットロスについては、また章を改めて詳述したいが、軽いものを含めると、ペットを亡くした人のほとんどは強い喪失感にとらわれるのではないか。

しかし、それにしても松浦氏ほどの知的な人が、「自分が生きてこられたのはミケのおかげ」とあっさり言い切ってしまってよいのだろうか。もし、松浦氏の家族や親友、恩師などがこの文章を見たら、「私よりネコのほうが大事だったのか」とショックなのではないか、とつい心配になってしまう。

内田百閒『ノラや』に描かれた狂気

もちろん、ペットを失っての激しい動揺をこのように素直に表現しているのは、松浦氏だけではない。松浦氏自身はこのエッセイ集の中で、ネコを失って同じように悲しみに暮れる物語として内田百閒の『ノラや』を引用している。よく知られたこの作品は、内田百閒が家に戻ってこなくなった飼いネコを偲んで書かれたものだ。松浦氏は言う。

そこでの百閒の取り乱しようは尋常ではなく、何やら狂気の気配すら漂っている。たかが猫一匹の失踪に、大の男のこの身悶えるような悲嘆はいったい何なのかと、最初のうちは呆気にとられてしまう……

ここまで読んだ読者は、「松浦氏にもネコ一匹でここまでうろたえるのはおかしい、と考えるくらいの冷静さがあるじゃないか」と思うかもしれないが、そうではない。この「呆気にとられてしまう」の次には、「寝る前風呂蓋に顔を伏せてノラやノラやと呼んで泣き入つた」というこの〝大の男〟に共感することばがこう続いているのだ。

……呆気にとられてしまう読者も、読み進めるうちに、その異様な迫力には心を深く動かされないわけにはいかない。

そして、この「『たかが猫一匹』への激しい愛惜をめんめんと綴ったこの滑稽すれすれの文章」は「ありきたりの恋愛小説など足元にも寄りつけない、近代日本屈指の美しい『愛の文学』」とまで言い切っている。

『作家の猫』（平凡社、二〇〇六年）の中で内田百閒を紹介している池内紀氏は、もう少し距離を置いて『ノラや』を「実にフシギな文学」だとしている。「飼い猫に去られた男が、愛する妻に出ていかれた夫のように、身も世もあらず泣き暮らしている」と池内氏は言うのだが、おそらく松浦氏や内田百閒は「猫がいなくなることに比べたら、妻が出て行くほうがよほどマシだ」と反論するのではないだろうか。

「妻あってこそのペット」だった大佛次郎氏

この『作家の猫』に紹介されている主な作家は、夏目漱石、南方熊楠、寺田寅彦、竹久夢二、谷崎潤一郎、池波正太郎、三島由紀夫、開高健、中島らもなど二十八人。そのうち女性は、わずかにコレット、幸田文、仁木悦子の三人のみだ。

作家らの中には、私生活ではネコを溺愛しながらも、常に微妙な距離を保とうとし、冷静なポーズと取ろうとしていた人もいれば、「これまで生きてきたのはネコのおかげ」という松浦氏同様、ネコへのあふれんばかりの愛情を隠そうともしない人もいる。

大佛次郎氏もそのひとりで、ネコに関する小説、エッセイばかりを集めたアンソロジー『猫のいる日々』（六興出版、一九七八年、現在は徳間文庫）の冒頭には、「僕が死ぬ時も、この可憐な動物は僕の傍にいるに違いない」と自分の臨終風景に思いを馳せた文章が掲げられている。

大佛氏は、「目が見えなくなっていても、（中略）此の気どり屋の動物の静かな姿や美しい動作を思い浮かべていることが、どんなに心に楽しくて、臨終の不幸な魂を安めることか」とまで言うのだが、それでもまだ、自分の妻もまたネコ好きだとして、折に触れて妻の話をすることは忘れない。大佛氏にとっては、このアンソロジーの中でも引用しているアポリネールの詩のように、ネコはあくまで妻とセットで自分の人生を支えるものであるらしい。

私は自分の家に持っていたい
わけの分かった一人の妻と
書物の間を歩きまわる一匹の猫と
それなしにはどの季節にも
生きて行けぬほど大切な
私の友人たちと

愛情丸出し派だった江藤淳氏

このコロナ・ブックスには『作家の犬』（平凡社、二〇〇七年）という一冊もあるのだが、ここに出てくるイヌ好きの作家たちも〝ポーズだけでも冷静派〟と〝愛情丸出し派〟に分けられる。後者の代表が、評論家の江藤淳氏だ。

子どものいなかった江藤氏は、歴代のコッカー・スパニエルをそれぞれ「うちのひとり娘」と呼んではばからず、三人称で書くときは「彼女」としていた。江藤氏のエッセイ集『妻と私と三匹の犬たち』（河出文庫、一九九九年）にはこうある。

彼女は私の外側に存在する一個の動物にとどまってはいない。私の内部にはいりこみ、愛情を要求し、自分を主張する。

『作家の犬』の中で江藤氏のイヌ好きぶりを紹介しているエッセイストの鶴田静氏は、こういった江藤氏の文章やその心情について「彼の堅硬な評論とは異質」としながらも、「完全に開きっ放しになっていて微笑ましい」とおおむね肯定的だ。

しかし、この江藤氏にしても、エッセイ集のタイトル通り、この〝ひとり娘〟は妻がいてこその娘であったようで、妻が亡くなってからは愛犬も可愛がってくれる人に譲ってしまったとのことだ。その後、江藤氏が自ら命を絶つという選択をしたのは、周知の通りである。

このように、以前からネコ好き、イヌ好きの文士は少なくなかったが、彼らにとってこれらのペットは妻とセットで人生の伴侶、もしくは妻あってこその愛情の対象ではないだろうか。中には、谷崎潤一郎の『猫と庄造と二人のをんな』のように配偶者や恋人よりも明らかにネコを愛する人も当時からいたのかもしれないが、少なくともそれはフィクションの中の話とされており、エッセイでそれを告白した人は少なかった。

自己相対化の強迫から逃れる唯一無二の手段

ところが最近では、松浦氏に代表されるように、仕事仲間も妻も子も、あるいは社会でさまざまな困難に直面している人たちもさしおいて、イヌやネコなどのペットへの愛情をなんのてらいもなく表明する作家や学者などのいわゆる著名人が、増えているのではないだろうか。

そして世間も、いつもはむずかしい顔でむずかしい話をしている学者や作家、政治家などが「ウチのミケちゃんが」などと相好を崩している様子を見てもとくに失望することもなく、それどころか「人間的な一面があるとわかり好感を持った」などおおむね肯定的な反応を示すようだ。

第一章でも述べた「コワモテの識者たちがペットの前で見せる無防備な笑顔に一般の人たちが親しみを感じる」という構図は、夏目漱石、谷崎潤一郎の時代からあった。とはいえ、そのイヌ好き、ネコ好きの文豪たちの時代と現代には、大きな違いがあることも見逃せない。

それは、イヌを「娘」と公言してはばからない江藤氏、あるいはネコの死に際して「これまで私が生きてこられたのはミケのおかげ」と公言してはばからない松浦氏の例に象徴されるように、現代の作家や学者たちにとってペットは、単なる同伴者や愛玩物の域を超えて、ほとんど「人間より大切」な存在、彼らの感情あるいは人生そのものを支配する存在になっていること、そしてそのことに対して何のてらいも恥ずかしさも感じなくなっていることである。

彼らは決して、自分の動物好きを正当化もしていないし、そこに何らかの社会的意義を見出そうともしていない。動物愛護の精神を世に広く訴えようともしていないようだ。そこにあるのは、「好きなものは好き」というあまりにも素朴な感情だけである。

興味深いのは、このように動物への際限のない愛情を隠そうともしない彼らは、それ以外の場所では自意識が強く、自分への評価や批判にも敏感に反応するタイプが多い、ということだ。それは彼らが常に自己を対象化できる理性の持ち主であるということを意味すると同時に、彼らが、いつも「世間から賞賛されている自分」といった肯定的な自己イメージを持っていたい、と望む自己愛的な人間であるということも意味する。

しかし、「ウチの子は世界一かわいい」と堂々と口にし、それが死んだときには人目もはばからずに涙するとき、彼らにはおそらく、「そういう自分がどう見えるか」という意識はほとんどないであろう。もちろん、「動物を愛する自分は、人々からもっと親しまれるだろう」といった打算もない。

つまり、自分が飼っているイヌやネコは、日ごろは自己相対化の強迫から逃れられない作家や学者にとって、そこから脱出する唯一無二の手段なのである。

だからこそ、「男たるもの、妻の話などペラペラするものではありませんよ（＝妻のノロケ話などしてしまう自分が嫌いだ）」「子ども？　そういえば愚息がひとりいましたっけ（＝親バカほど愚かなものはない）」と常に自己を検閲しながら言葉を選んでいる人でも、イヌやネコのことをひとこときかれるだけで、携帯電話に保存してある写真を見せ、「いやあ、これがまた驚くほどお利口さんなんですよ」などと自慢話を延々としてしまう。

「飼い主なら誰もが、自分になついている我が家のペットがいちばんかわいいと思うはず」「私がうちの子を世界一、賢いと思うと同様、この人も自分のイヌほど愛らしいイヌはいない、と思っているかもしれない」といった客観的な視点は、そこからは完全に脱落している。

〝動物好きファシズム〟の空気

話し手が作家、学者、政治家など何らかの権力を持っている人たちだと、そのときたまたまその場に居合わせた人たちは、口をそろえて「玄関まで迎えに来る？ それは賢いですね」「本当にこんなにかわいいネコちゃんは見たことがありませんよ」などと言わなければならない。

そしてそう言われると、ふだんは理性的な彼らが「これは私の持っている権力に対するお世辞なのだ」と思うことも忘れて、「そうでしょう、そうでしょう」と悦に入ってしまうのである。もちろんそこには、相手が「動物ぎらいかもしれない」という発想は露ほどもない。

しかし実際には、「動物があまり好きではない」「苦手」という人たちも少なからずいる。

かつて診察室にやって来た四十代の男性は、自分がうつ状態に陥った理由をこう推測して語った。

「私は銀行で、いわゆる富裕層相手の投資部門を担当しているんです。開業医や会社の経営者といった得意先のご自宅に説明などにあがることも多いのですが、必ずといってよいほど、そういうお宅にはイヌやネコが飼われているんですよ。でも私は、子どもの頃にイヌに追いかけられたこともあって、どうしてもああいった動物をかわいいと思えないんです。いえ、というより、はっきり言ってきらいです。でも、とにかく相手はお客様ですし、イヌやネコが寄ってきたときは、『あらら―、かわいいですねー』とか『これまでたくさんのお宅にお邪魔しましたが、こんなにかわいいワンちゃんは初めて見ました』などと言いながら、抱っこしたりなでたりしなければならないんですよ。それが苦痛で苦痛で……」

それでもうつ症状が強まり、どうしてもイヌやネコにお愛想を言うのがむずかしくなった彼は、しばらくの間は「動物アレルギーなんですよ」と言い訳をすることで、〝抱っこ〟や〝なでなで〟から逃れていたのだという。それでもお世辞と笑顔だけはやめるわけにはいかず、次第に溜まったストレスがついに閾値《いきち》を越え、受診を決意したのだった。

動物ぎらいの銀行マンにイヌやネコが駆け寄るのを見ている飼い主たちは、彼が動物が苦手ということなど想像もしていないだろうし、得意先と取引先の銀行マンというパワーの違いがあるからこそ「カワイイですねー」などと言われているとも気づいていなかったであろう。

では、何をもってしてもやめることのできないほどの強い自己相対化にとらわれている人たちを、イヌやネコだけがこれほど簡単にそこから連れ出すことができるのはいったいなぜなのだろうか。

また、そうやって文字通り〝我を忘れて〟イヌやネコに夢中になっている権威や識者に対して、世間がこれほど寛大なのはどうしてか。

さらにはこういう風潮が強まる中、「私は動物が苦手で」と口にすることはそれだけで人間性の欠陥を意味するように思われてしまうので、たとえそうであっても、先の銀行マンのように「アレルギーで」とか「子どもの頃にかまれちゃって」などと言い訳つきにしなければならない。この一種の〝動物好きファシズム〟とでも呼べそうな雰囲気は、いったいいつどのように形成されたのだろう。

イヌ好きのバイブル『ハラスのいた日々』

「イヌ好きのバイブル」と言われているのが、一九八七年に出版された中野孝次の『ハラスのいた日々』だ。

ハラスというのは中野夫妻が飼っていた柴犬の名前であり、このエッセイには、七二年の出会いからガンにかかったハラスが死を迎えるまでの十三年間の日々がつづられている。

あとがきには、この作品を執筆することになったのは、ハラスがいなくなってからあまりに悲嘆に暮れている著者を見かねて、編集者が「それならいっそその思い出を全部書いてしまわれたらいかがですか」と勧めたから、とその動機が語られている。

本文中にも、ハラスが死んだあと墓前に立ち尽くした著者が「私たちの四十代から五十代にかけての十三年間が、そこに葬られたのであった」とつぶやく箇所があるところを見ると、その後は文字通り魂を抜かれたかのような虚脱状態が続いていたのだろう。

そのように、イヌへの惜しみない愛情が誰の目をはばかることなく書きつづられているこのエッセイは、あっという間にベストセラーとなり、翌八八年には第七回新田次郎文学賞も受賞している。その後も映画化、絵本化、マンガ化など、さまざまなメディアに形を変え、そのたびに大きな話題を呼んだ。

以前からの中野ファンの中には「テレビのインタビュー番組などで険しい表情を見せている彼と、イヌの墓の前で涙をこぼす彼がどうしても結びつかない」といった感想を述べる人もいたが、それはあくまで少数派であり、多くの人たちは「何度、読んでも感動の涙が止まらない」など手放しでこの本を賞賛した。

この本が「愛犬文学の傑作」「イヌ好きのバイブル」などと称されて長く読まれてい

るのは、文章や表現が秀逸なだけではなく、いわゆる〝大の男〟がここまで、しかも小説ではなくエッセイという形で、イヌやネコへの愛情を手放しで表現したものはほとんどなかったからであろう。あるいはあったとしても、それ以前は「なんだ？　立派な文学者がイヌが死んだくらいで腑抜けになるなんて」と、世間から理解されなかったのではないだろうか。

おそらくそれは、この『ハラスがいた日々』が出版された八七年という時代とも、大きく関係していると思われる。

急速に高まった「カワイイ」の価値

一九八七年というと、世はまさにバブル前夜。八八年にこの作品とともに新田次郎文学賞を受賞したのは、海老沢泰久氏の『F1地上の夢』（朝日新聞社、一九八七年）であった。人々は景気の上昇とともに、誰にも遠慮なく〝自分がしたい生活〟を楽しむようになっていった。

またその頃、世の中では「カワイイ」ということばや概念の価値が急速に高まりつつあった。

今ではこの「カワイイ」は、誰もが「ちょっといいね」といった意味で気軽に使うようになったが、八〇年代以前は、たとえば「カワイイ女性」という言い方には、その女性が頼りにならず子どもっぽい、という否定的な意味合いがあった。「未成熟」という意味を含んだ「カワイイ」が、「無垢、エネルギッシュ、前向き」といった肯定的な意味の形容詞として多用されるようになったのは、八〇年代の半ばになってからのことだったと思う。

またそれと同時に、大人の年齢に達した女性がキャラクターグッズや少女が着るようなTシャツを「カワイイ！」と集めたり着たりすることも、「いつまでも心がピュアな証拠」などとして世間から肯定されるようになっていった。子ども向けに開発されたキティちゃんなどのサンリオグッズが大人の女性のあいだで人気を呼ぶようになったのも、八〇年代の半ば以降のことである。

『ハラスのいた日々』の一年後、八八年には中森明夫氏の小説『オシャレ泥棒』（マガジンハウス）が出版され、若者たちから高い評価を得た。この作品に出てくるふたりの少女は、女として成熟して母性的になることを拒否し、少年のようなスレンダーな身体《からだ》で「いきなりおばあちゃんになってしまいたい！」と言いながら、「究極のかわいいもの」を求めて東京中をうろつくのである。

後にこの作品はテレビドラマとなり、当時の「カワイイ」の象徴であった小泉今日子が主役を演じた。

そのように、強面の中野孝次氏が柴犬の前でメロメロになる『ハラスのいた日々』が世に出たのは、ちょうどこの〈カワイイ文化〉が花開き始めた頃であったのだ。それ以前なら、「いい大人がイヌ一匹のために」と言われ、訝《いぶか》しがられていたところだったかもしれないが、八〇年代後半には、そうやって大人がイヌやネコなどの小さな動物に「カワイイ！」と嬌声を上げることが許され、そうできる大人たちに対しても「あのオジサンはカワイイ」などと世間から高い評価が与えられるようになっていたのだ。

幼さが豊かさの象徴になった時代のペット愛

なぜ、景気の上昇とともに〈カワイイ文化〉が世の中を席捲するようになっていったのか。

それは、「幼いこと」が純粋さや潜在的なエネルギーの高さとともに、豊かさの象徴のように考えられたからではないだろうか。

なぜ、大人っぽくならなければならないか、と言えば、それは周囲から〝あいつは子どもだ〟となめられないようにしなければならないからだ。そして、なぜなめられないようにしなければならないか、と言えば、それは無理をしてでも大人と見てもらって、それなりの収入や地位を得なければならないからだ。

そう考えれば、子どものままでいられる人、成熟を遂げなくてもよい人というのは、そうする必要がない人、つまり無理して大人に見せなくても暮らしていけるだけの能力や資産がある人、ということになるかもしれない。

八〇年代中盤に流行ったいわゆるハマトラファッションの基本アイテムは、幼稚園児のような紺色ミニスカートや象やクマなどの動物ワッペンのついた白いソックスなどであった。見ようによってはまさに幼稚園児のような格好をした女子大生は、「こういう服装の娘をのんびり遊ばせていられるほど、私のパパはお金がある」というメッセージを世間に発しようとしていたのではないだろうか。

このような背景の中から、イヌやネコに大人の女性が「いやーん、カワイイ！」と声を上げる、作家などの男性がペットの死に滂沱《ぼうだ》の涙を流し、それを隠そうともしない、といった新しい形での〝ペット愛〟が生まれ、急速に広まったと考えられる。

そういう意味でもやはり、この『ハラスのいた日々』は記念碑的な作品なのである。

それにしても、文学の世界ではむしろ堅苦しい人間と見られていた中野孝次は、なぜここまでイヌに愛情を注いだのであろうか。しかも中野は、このほかにも『犬のいる暮し』（岩波書店、一九九九年）など一連のイヌものを上梓しているのだ。

イヌ好きの世界では「それは中野さんがやさしい人間で、真のイヌ愛好家だったから」と自明のことのように説明されているが　中野の妻である中野秀は、微妙に違った見方をしている。「犬がいないと暮らせない人間」というタイトルの、夫を語った文章の中で、彼女は言う。

中野はハラスに出会って、犬なしの生活はできない人になってしまったようです。『犬のいる暮し』に、「人間は何かに愛を注がずには生きていけない」と書いていますが、四匹の柴犬たちは中野にとって、「無限に愛情を注ぐことができる存在」だったのだと思います。

なぜ、夫が愛を注ぐ相手として、人間ではなくてイヌを選んだのか。それは単に、この夫妻には子どもがいなかったからであろうか。また、その無限の愛情は妻に対しても注がれたのか。そのあたりについては、秀夫人はそれ以上、詳しくは語ろうとしていない。

第五章　ペット愛の新しいかたち

うつの予防にはイヌを飼え?

「子どものうつ」の研究で知られる北海道大学精神科の傳田《でんだ》健三准教授の講演を聴いた。対象は、学校や相談所で働く心理職の人たちだ。

子ども特有のうつ症状などについてひと通り話したあと、傳田准教授は「もちろん子どもだけではなく、皆さんのように仕事や勉強に熱心な人たちも、自分のうつに注意しなければなりません」と話題を〝大人のうつ〟に移した。

自分を守るための何カ条かがスライドで示され、「仕事はほどほどに手抜きして」「しっかり休養を取る」といった項目の後、「グチを言える友人を作る」のところに差しかかったときのことだ。傳田准教授は言った。

「でも、自分には友人がいない、という人もいるでしょう。実は私もそうなんです。そういう人はどうすればいいと思いますか?」

会場が若干、ザワついた。それをしばらく楽しそうに眺めた後、傳田准教授の口から語られた〝正解〟はこうだった。

「イヌを飼えばいいのです。いま、私のグチをすべて聴いてくれるのは唯一、ウチのイヌだけです」

それが単なるジョークではない、と知っている私は、思わず吹き出してしまった。

実は傳田准教授は私が北海道大学病院で研修医をしていたときの先輩にあたり、もう二十年以上の知己なのである。その講演の前夜も、札幌から東京に来た准教授と東京で精神科クリニックを開業しているさらに上の先輩夫妻といっしょに酒を飲んだ。

クリニックの先輩は、今から十五年ほど前、北大から東京の医療機関に転勤になったときに、「東京はイヌの公衆便所か」と思ってしまったという。札幌に比べて東京のペット密度が取り分け高いとも思えないが、ちょうどペットブームの到来と重なっていたのだろう。

「公共のマナーも守らないクセに、ウチの子はカワイイでしょ、なんて飼い主もバカげてるんだよ。なに考えてるんだ、まったく」

お酒の勢いも手伝って、先輩はペットを飼う人たちをかなり激しく批判しながら、傳田准教授に「おまえもイヌ飼ってるんだろう？」と話を振った。すると准教授は「待ってました」とばかりに携帯電話の待ち受け画面になっているコーギー犬の写真を私たちに見せながら、「かわいいですよお」と相好を崩したのだ。

「私が学会で出張に出て戻ったら、このイヌがいたんですよ。妻が勝手に飼っちゃったんです。最初はビックリしたけれど、今じゃ私も近所で『傳田さん』じゃなくて『〇〇ちゃんのお父さん』と呼ばれてます」

児童精神医学を専門にしているくらいだから、傳田准教授はもともととてもやさしい性格の持ち主だ。大学病院の医局は徹底した縦社会なのにこうして後輩の私ともいまだに友だちづき合いしてくれるところにも、そのやさしさが表れている。だからイヌを飼い、それを待ち受け画面にしていても、私にはそれほど意外には感じられなかった。

「うわっ、賢そうですね、でもちょっと太めじゃないですか」などと私がその写真を見ながらあれこれ感想を語っていると、大先輩が冷ややかな口調で言い放った。

「けっ、そんなの substitution だよ。傳田先生のところは、もう子どもも育って出て行っちゃったもんだから、イヌなんか飼ってさ」

Substitutionとは、代理という意味である。つまり、大先輩は「イヌは子どもの代わり、これまで子どもに向けていた愛情の行き先がなくなったため、イヌに向けているだけ」と言いたかったのだろう。傳田准教授は相変わらずニコニコしながら、「違いますよ。だいたい下の子どもはまだ家にいるし……」と否定しようとしていた。

そういった前夜のいきさつを知っているものだから、大先輩にそう言われても講演で「イヌは唯一の友だち。イヌにグチを言えばうつを避けられる」と強調する傳田准教授の姿がいっそうおかしく感じられたのだ。

「誰もいないからペットでも」ではなく

しかし、大先輩の言い分にも一理あることは確かだろう。というより、「何かの代理でペットを溺愛しているだけ」というのは、現在のペットブームの本質をついているとも言える。

ほかにまず愛すべきはずのものがいるのに、あるいはその愛すべきものがいなくなったものだから、私たちはその対象を見失った愛情を、とりあえずすべてペットに注いでいるだけではないか、というこの問いは、本書の冒頭で紹介したダライ・ラマ十四世の問いともつながるものであろう。そしてもちろんその「本来、愛すべきもの」とは、それが恋人か家族かはたまた他人かといったことはさておき、人間であることは間違いない。

人間を十分に愛し、それでもなお余りある愛情を動物に向けているのなら、問題はない。しかし実際はどうもそうではなくて、中には「人間を愛さずに動物を愛している人」さえいるようなのだ。そのことについては、また動物愛護運動の問題を取り上げる章で詳しく考えてみよう。

この「本来、人間へ注がれる愛情を動物に向けている人」には、すでに述べたようにふたつのタイプがいる。まず、身近に愛を注げる対象がいない、あるいはいなくなったから、とりあえずその愛情をイヌやネコに注いでいる人。孤独な生活を営む老人がペットと暮らす、といったケースがこれに相当する。昔からこういう人たちは少なくなかったはずだし、この場合はイヌやネコがいなければ愛の対象はゼロになってしまうので、ペットは当人にとって必須の存在ということになる。

ミュージシャン・矢野顕子の九〇年代はじめの作品に「湖のふもとでねこと暮らしている」（『LOVE LIFE』収載）、「湖のふもとでまだ猫と暮らしている（『LOVE IS HERE』収載）というシリーズがある。湖のほとりでネコだけをパートナーに暮らす女性が、遠く離れた山でイヌだけをパートナーに暮らしている（はずの）男性を思う、という歌詞なのだが、ここでも本来ならば愛情を向けたい男性といっしょにいることができないからこそ、ネコの存在がひときわ重いものになっている。

ところが最近は、「誰もいないからペットでも」ではなくて、「誰かいるにもかかわらず、あえてペットを」というタイプも増えているようなのだ。この場合は、イヌやネコに愛情が注がれる分、本来はケアを必要としている人間が放置されることにもなりかねない。あるいは、これまでの常識で考えると首をひねりたくなるような状況も出現する。

ネコと夫、あまりの扱いの差

あるとき、編集者からこういう話を聞いたことがあった。その編集者が担当していたとある大物女性作家は、ペットのネコをたいへんにかわいがっていた。担当編集者たちも作家の自宅に行くときには必ずネコへのおみやげを用意するのが慣例になっているほどだったのだが、そのうち高齢になったネコが亡くなるときがやってきた。

作家の嘆きようは尋常ではなく、「もっとちゃんと看病してあげればよかった。ネコちゃんのために立派なお葬式をしてあげたい。費用はいくらかかってもかまわない」と言い出して、担当編集者たちが集まって〝ネコの葬儀〟を執り行うことになった。動物の葬儀などはじめてのことだったので、祭壇は、葬儀委員長は、香典は、などとたいへんな騒ぎになり、結局、人間以上に盛大なお通夜と葬儀が行われた。作家はずっと号泣しっ放しだったが、編集者たちはヘトヘトに疲れたという。

そしてその翌年、今度は作家の夫が病に倒れ、数カ月の入院生活の後、亡くなった。「また葬儀か」と編集者たちは身構えたが、今度は作家はごくさっぱりとした表情でこう言った。

「私も十分、看病したたし、もう悔いはないの。夫も派手な葬式なんて望んでないだろうし、ここで大金を使うのもちょっと……。内輪の家族葬にするから、あなたたちは何もしてくれなくていいわ」

ネコに対しては悔いが残るが、生を全うした夫に対しては悔いはない。一応、理屈は通っている気もしたが、編集者たちはネコと夫へのこのあまりの扱いの違いに、愕然《がくぜん》としたという。

本来は、夫との生活をさらに楽しいものにするために飼われていたはずのネコが、いつの間にか夫以上の存在になり、客観的には夫がないがしろにされる形となる。「本末転倒」という単語を連想せずにはいられない。

しかし、こういうタイプは自分がやっていることが「本末転倒」だとも思っていないようだ。知人から聞いた次のケースも、まさにそうだろう。

もはや本末転倒とすら思わない

ある男性の妻で、専門職で活躍する女性が友だちから子ネコを譲り受けることになった。子ネコを飼うことはその男性にも相談もしておらず、あるとき突然、連れて帰ってきたので、男性は驚いて言った。

「僕は昔からネコアレルギーで喘息《ぜんそく》の発作が出るから、ネコとは暮らせないんだよ」

そう言われてもすでに子ネコに情が移っていた妻は、飼うのをあきらめることができない。「自分の部屋から出さないから」という約束で子ネコを飼い出し、夫には「病院のアレルギー外来に行って、脱感作療法を受けてほしい」と頼んだ。

男性はいやいや病院に通い出したが、子ネコも次第に大きくなって運動量が増え、彼女の部屋から出たがるようになってきた。妻はときどきネコを部屋から出すようになったが、そうするとやはり喘息発作が出てしまう。男性が「約束なんだから、部屋から出さないでくれ」と言うと、妻は爆発した。

「こんなに可愛いのに、ひと部屋に閉じ込めておけだなんて、あなたにはやさしさのかけらもないのね！　昔から冷たい人だと思っていたけれど、ここまで残酷な人だとは思わなかった！」

男性は「僕が喘息になってもいい、というのは残酷じゃないのか」と反論したというが、妻は一切、聴く耳を持たなかった。そして、「もうこの子と出て行きます」とまで言い出したので、男性もさすがに腹を立て「僕たちの生活がまずあったはずなのに、ここまでネコが優先されるなんておかしいじゃないか。キミはネコのほうが僕より大切なのか」と言ってしまった。すると、妻はこう言い切った。

「何言っているの、あたりまえじゃない！ あなたはひとりでも生きていけるでしょうけれど、この子は私がいなければ生きられないのよ。私がどっちを大切にするか、わかりきったことじゃない」

それを聞いて夫は「これは本当に別居になってしまう」と観念し、「家にいるときはいつもマスクをし、発作止めの吸入器を手放さない」と心がけながらネコとの同居を続けているとのことだ。

これもまた、家庭生活をさらに楽しいものとするために迎えたはずのペットが、いつのまにか家庭の重要な構成要員である夫より重要な存在になってしまった例だが、もはや本人はそれを「本末転倒」とさえ思っていない。

またこのところ、義務教育の給食費の滞納が二十二億円にも上っていることがさかんに話題になっているが、その中の「お金がないわけでもないのに支払おうとしない親」の言い分として「携帯電話代がかかる」と並んでよく取り上げられるのが、「ペットの美容代がかかる」だ。実際にこういう理由で給食費を滞納している家庭がどれくらいあるのかは定かでないが、「ペットに贅沢をさせるお金のために、子どもの給食費は払わない」というのも、また「本末転倒」と言えるだろう。

さらに、まだ実際には給食費滞納といった社会問題までは起こしていないものの、これから問題になってきそうなものもある。

最近は、ペットといっしょに入れるカフェや泊まれるホテルを始め、「犬の幼稚園」「ペット専用のデリ」「犬のタラソテラピー（泥パック）」「ペットの自然療法パッチフラワーレメディ」「ペット用の酸素カプセルサロン」などが続々オープンしている。いずれもいわゆる〝人間顔負け〟の料金であり、ここにお金を使いすぎて人間の生活費は切り詰めなければならなくなる、という人もこれから増えるのではないか。

「仕事よりペット」のシングル男性

そしてさらに最近は、「誰もいないからペットでも」「誰かいるにもかかわらず、あえてペットを」のふたつのタイプのどちらにも分類しがたい、第三のタイプが出現している。

シングル男性の消費動向などを分析した『独身王子に聞け！』（牛窪恵著、日本経済新聞社、二〇〇六年）にも、「自分の仕事や生活を犠牲にしても『うちのコのために』と」考えるシングル男性が増えている、という報告がある。同書で紹介されている例を引用させてもらおう。

「コパン（フレンチブルドッグ）を病院に連れて行くために、今年だけでもう五日も有給休暇を使った。でもやっぱり、仕事よりコパン！　この前の彼女も犬嫌いだったから別れた（三九歳　地方公務員）」

「大輔としんのすけ（いずれもポメラニアン）は最愛の存在。もし震災があって自分の命が脅かされても、最後まで避難せずに家に残って二人（二匹）をみる（三六歳　自営業）」

もちろんひとり暮らしの人にとっては、男性であっても女性であってもペットが「最愛の存在」であることは理解できるのだが、それにしても「犬嫌いの彼女と別れた」「災害があってもペット優先」というのはやはり「本末転倒」と言わざるをえないであろう。何より注目すべきは、従来であれば〝いい大人〟と言われたであろう三十代後半の男性が、誰にはばかることもなくペットへの惜しみない愛を公言している点であろう。

同書には、さらに驚くようなケースも紹介されている。その三十代の男性は、半同棲中の彼女が飼っているトイ・プードルの「うららちゃん」の世話をするために、自分の仕事を辞めてしまったのだ。「三か月前にうららが体調を崩して、心配で仕事が手につかなかった。いまはただ、うららとの時間を大切にしたい」と語り、嬉々として愛犬のために自然食のフードを作り、イヌ用の温泉に連れて行くというその男性のような例も、今はめずらしくないと言う。

若者と労働について論じた本にも、「正社員になるとイヌと過ごす時間が減るから」という理由で内定を辞退し、フリーターの道を歩むことを決意した青年のケースが紹介されていた。

「仕事をして、心理的にも経済的にも余裕ができたからペットを飼う」のではなく、「ペットを飼うので、仕事を辞める」というのはやはり「本末転倒」のようにも見える。

しかし彼らにとっては、仕事や結婚生活は最初から「すべてを犠牲にして打ち込むべきもの」「できるだけ早く実現すべきもの」ではなかったのだろう。そう考えれば、世間の常識からはややかけ離れているものの、彼ら自身にとってはこの「仕事よりペット」は少しも不自然ではないのかもしれない。

文句のつけようがない優雅な生活

「仕事∨結婚∨趣味やペット」という価値観が従来の男性に押しつけられがちであったとすれば、女性に望まれてきたのはその「仕事」と「結婚」の順位が逆になったものであろう。

シングル女性がネコやイヌを飼おうとすると、いまだに「動物を飼っちゃ、もうおしまいだね」などと冷やかされることがある。何が〝おしまい〟なのかと言えば、動物との生活で手いっぱいになったり充足してしまったりするので、もう結婚の可能性がなくなってしまう、ということだ。さらには、「結婚できないから、ついに動物を飼って慰めにするんだな」といったやや意地悪な意味も含まれている。

ここには、本当は動物よりも結婚がいいに決まっているのに、という価値観が忍び込んでいる。

しかし最近はそこにも変化が生じている。ペットを飼うことを決して〝おしまい〟などとは考えずに、むしろ積極的にその生活を選び取る女性が増えてきているようなのだ。

二〇〇五年に出版された『猫としあわせふたり暮らし』(小泉さよ著、池田書店)は、シングル女性がネコと暮らすことの「寂しさ」ではなくて「喜び」が、ページの隅々からしみじみ伝わってくるような本である。帯には、「こころ通う猫との暮らしは、何ものにもかえがたい、愛しい贈り物です」と記されている。夫や子どもと暮らせないから、そのかわりにネコを飼うのではなく、ネコとの生活じたいが「何ものにもかえがたい」と言うのだ。

この章の冒頭で、動物好きではない先輩が「ペットを溺愛するのは、substitution(何かのかわり)だ」と言ったエピソードを紹介したが、これはまさに「substitution」とは対極の飼い方だ。

冒頭に「猫のいる生活」のメリットが、愛らしいイラストとともにこう列挙されている。

目が覚めたとき、かたわらに丸くなった生き物がいて、「おはよう」と呼びかける。
いっしょにごはんを食べる。
「いってきます」と声をかけて、「ただいま」を言うのが楽しみになる。
悲しくて泣いているとき心配そうにやってきて涙をなめてくれる。
話しかける相手、こたえてくれる相手がいる。
信頼しているわたしにしか見せないとっておきのかわいい姿。
わたしを必要としてくれる小さくて大きなあたたかい猫との暮らし。
そんな暮らしをはじめてみませんか。

たしかにこんなステキなことばかりがあり、しかも恋人や夫のように自分を傷つけるようなことを言ったり家事を命じたりすることもない、ということになれば、結婚よりもペットとの生活を選択する女性が増えても不思議ではない。

この本には、「わたしの1日　猫の1日」というタイムスケジュール表もついているのだが、それを見るとモデルになっている「わたし」は、朝九時に家を出て会社に行き、夜七時に帰宅することになっている。おそらくはフルタイムの会社員を想定しているのだろう。そういう意味では、先のイヌ中心の生活を営む〝独身王子〟たちよりはずっと熱心に仕事にも取り組んでいる人たちと言えるのかもしれない。

独身王子が「ペット≫……＞仕事、結婚」という価値観で生きているとすれば、この本で想定されている女性たちは「ペット＝（もしくは＞）仕事≫……＞結婚」という価値観の持ち主ではないだろうか。そしておそらく彼女たちも「本末転倒」というよりは、もともと結婚や家庭生活にそれほど大きな期待や幻想を抱いてはおらず、たまたまその中でネコやイヌに出会い、いっしょに生活することを選択しただけ、と言えよう。

私自身のまわりにも、仕事もしっかりやって、それなりに恋愛や友だちづき合い、趣味も持ちながら、結婚生活にはなかなか足を踏み入れることなくペットとの生活を楽しんでいる人たちが少なからずいる。

もちろん、彼ら彼女らの心の中にも、「寂しいからペットを飼っている」という要素がゼロとは言えないだろう。しかし、その生活ぶりは「かわいそう、誰もいないからイヌを彼氏がわりにしているのね」といった悲惨とは、かけ離れて優雅でさえある。つまり、〝誰にも文句をつけようがない生活〟なのだ。

結婚しない、子どももいらない、第三のタイプ

このように、「愛情の対象がないから仕方なくペットに」でもなければ、「愛情の対象がいるのにそちらを放置してペットに」でもない、「愛情の対象をあえて求めることもなく、最初から自然にペットに」といった第三のタイプが目につくようになってきた。

第一のタイプ、たとえば「配偶者に先立たれ、子どもたちも独立してしまい、ひとり暮らしの孤独をペットで紛らわしている」という人にとっては、ペットは不可欠の存在であることは先にも指摘した。また、こういう人には機会さえあればペット以外の人間を愛する力もあるのだから、周囲が適切な人間関係を再構築する援助をすることが必要であろう。さまざまな自治体やNPO法人が最近、「高齢者のネットワーク作り」の事

業や運動を進めているが、その中で再び仲間づき合い、友だちづき合いの良さを実感できる人も少なくないはずだ。

また、第二のタイプにしても「本末転倒」があまりにひどくなった場合は、やはり誰かが何らかの手を差しのべたり忠告してあげたりするなどして、事態を変える必要があるだろう。とくに、「ペットの美容代がかかるから給食費が払えない」など迷惑の範囲が家庭を逸脱しているケースに対しては、「それはおかしい」とはっきり指摘しなくてはならない。

問題は、誰も犠牲にしたり迷惑をかけたりしておらず、また「家族がいない」「結婚できない」といった何かの代償にペットを飼っているわけでもない、新しく出現した第三のタイプである。彼らに、「実はあなたも深層心理では人間の異性を求めているはずだ」などと言うのは、余計なお世話でしかないだろう。もちろん、仕事をこなして経済的にも自立しているのだから、その点でも批判はしにくい。

しかし、先に紹介した本のタイトルのように「ネコとしあわせふたり暮らし」「イヌとしあわせふたり暮らし」をする男性、女性がどんどん増えれば、結婚率や出生率はますます下がる一方であろう。

しかも彼らは、ペットを人間以上のパートナーであり子どもである、と考えている場合が多く、意識の中では非婚者、子どものいない者、といったあせりも劣等感もない。したがって、その生活を何とかして脱しようとすることもない。その機会があっても、「いや、私はちょっと」と遠慮する人さえいるはずだ。

『猫としあわせふたり暮らし』にも、「わたしの結婚や妊娠……どうしよう」というページが最後のほうにおまけのように添えられており、そこには「猫好きのパートナーがベスト」という文章の下に、相手がネコぎらいだった場合へのアドバイスがひっそりとこう書かれている。

猫ぎらいの人もいっしょに暮らすと猫派に！　ということもよくありますが、どうしてもダメな人だったら、これからのことをよく考えてみましょう。

決して「ネコが可愛いのはわかりますが、結婚のチャンスを逃してはなりません」ではなく、「よく考えてみましょう」と曖昧《あいまい》な表現にとどまっているところを見ると、「やっぱりネコとの暮らしはやめられない。彼と別れる」という選択も当然、想定内なのだろう。

本当に憂うべき問題は何なのか？

先ほど「問題は……」と書いたが、日本の少子化を懸案事項と考える人にとってはこれは憂うべき事態かもしれないが、そのことさえ考えなければ、ペットとの「しあわせふたり暮らし」には何の問題もないような気もする。「ペットは人間より長生きしない」というその一点を除けば。

自らも十五歳のネコとふたり暮らしをしているという『ふたり暮らし』の著者も、おそらくはその最愛のパートナーとの別れを恐れながら本書を書いたのだろう。そのあたりのことについては「人間とくらべたらあっという間の猫の一生。最期までたっぷりの愛情を持っていっしょに暮らして」とごくあっさり触れられているだけ、というのが、かえって「まだ考えたくない」という著者の恐れをよく表している。

イヌやネコとの完結した「ふたり暮らし」を送っている人にとっては、それが永遠には続かない、というのが最大にして不可欠の問題だ。ネコとの暮らしを満喫している私の知人は、こう言い放った。

「でも、夫や子どもがいたからといって、その生活は永遠ではないし。それに、愛情が希薄なまま、配偶者と不毛な同居生活を何十年も続けるよりも、たとえ十数年でも濃密な生活を送ったほうがずっといいと思わない？」

聞きようによっては不倫の言い訳にも取れるような言葉であるが、よく考えてみればたしかにその通りかもしれない。

それでは、愛するペットと濃密な生活を送った人たちは、その別れのショックをどうやって乗り越えているのだろうか。それについては第七章で検討してみることにしよう。

第六章

暴走する「動物愛護」

動物愛護団体vs.地域住民

二〇〇七年十月、滋賀県高島市で、動物愛護団体と市長を含む市民との間で衝突が起きた。新聞記事から引用しよう。

滋賀県高島市で大阪市の動物愛護団体「アーク・エンジェルズ」（林俊彦代表）が建設している犬のシェルターをめぐり、地元住民ら約二百人が六日午前〇時過ぎから、犬約四十四を持ち込もうとした同団体の車二台の進入を阻止するため市道に座り込んだ。同市の海東英和市長らも徹夜で座り込み、同団体は午前九時過ぎ、犬の体調が限界として現場から引き揚げた。

エンジェルズは今年二月、同市今津町酒波の犬の訓練所跡地約二千平方メートルを購入し、施設の建設を計画。地元住民は鳴き声やにおいなどで生活環境が破壊されるとして反対運動を続けている。住民とエンジェルズは九月十九日と今月四日に話し合ったが、決裂。林代表が「四十頭の犬を六日に搬入する」と通告していた。

住民らは六日午前〇時ごろから施設近くで警戒。同五十分ごろ、団体のワゴン車二台が到着すると海東市長や県議、市議らと共に横長の看板を掲げて座り込み、「帰れ、帰れ」と叫び続けた。午前九時過ぎ、団体側は車に積んできた犬の体調が限界として現場を離れ、近くの広場に移動。住民らは警戒を続けている。

海東市長は「話し合いで決着がつかず、住民の生活を守るには実力行使以外にない。緑豊かなふるさとを守るため、市も全面的に住民を支援する」と話した。

「アーク・エンジェルズ」は、〇六年、営業停止後の「ひろしまドッグぱーく」(広島市)で衰弱した犬の救援活動をした。その際に約一億二千万円の支援金を集めたが、使途が不透明だとして、寄付した愛犬家らから返還などを求める民事訴訟を起こされている。

(朝日新聞二〇〇七年十月七日付)

住民の中には、「アーク・エンジェルズ」のような問題の多い団体には病犬の世話をする能力がないから、という理由で反対している人もいないわけではない。しかし市長を含めて多くは、居住環境の問題や、犬から人間に感染する、いわゆる人畜共通伝染病を懸念しての反対のようだ。

この団体は、その真意は別として、「動物愛護」の看板を掲げて設立されていることは確かだ。それなのに、住民は「アーク・エンジェルズの進出反対期成同盟」を作って徹夜で座り込み、一方の保護団体もワゴン車での強行搬入を試みる、など話は穏やかではない。反対同盟が作っている看板も、労働運動か政治闘争か、という激しさだ。「犬」「動物」という言葉は、ひとことも見当たらない。

世界各地で過激化する動物愛護団体

しかし、このように動物愛護団体やそれに対抗しようとする人たちが過激になる、というケースは、実はよくあることだ。

「過激化する動物愛護団体」の存在が広く知られるようになったのは、一九九九年、シアトルで行われたWTO（世界貿易機構）閣僚会議のときだ。

このときは会議に反対する七万人とも十万人とも言われる市民やNGO会員がデモを行い、一部は暴徒化して町は騒乱に陥り、会議は流会となった。彼らの抗議は「環境、労働、人権、女性、消費者、子供、先住民、動物愛護、文化」と多岐にわたっていたが、中でもＲＳＰＣＡ（イギリス・王立動物虐待防止協会）に代表される動物愛護団体が最も破壊的だった、と言われる。

六十万人の会員を有し、世界最大の動物愛護団体と言われるアメリカのＰＥＴＡ(People for the Ethical Treatment of Animals）は、こういった抗議活動をほぼ定期的に行っている。

たとえば二〇〇七年一月にも、バルセロナの公園の広場で、このＰＥＴＡと別の動物愛護のＮＧＯ「Anima Naturalis」のメンバーの男女が全裸で無言の抗議行動を行った。彼らが反対しているのは、動物が犠牲となる毛皮のコートだったようだが、「全裸で無言の抗議」をされても周囲の人たちはどう対処していいか、わからないのではないだろうか。

彼らはその前の年にも、オーストラリアのシドニーを半裸で歩き、「反毛皮キャンペーン」を行ったほか、二〇〇六年だけでも世界中で以下のような抗議行動を行ったことが記録されている。

・ニワトリ虐待反対としてケンタッキーフライドチキンに抗議、店頭のカーネル・サンダースの像を燃やす……インド、アメリカ、香港、ポーランドなど
・カルティエ後援のゾウのポロ大会に抗議……フランス
・ゴルチエのブティックに抗議行動で侵入……フランス
・動物園の偽善に抗議……ドイツ
・羊毛産業に抗議……オーストラリア
・闘牛と牛追い祭りに「裸で」抗議……スペイン
・エッフェル塔の前で闘牛反対デモ……フランス

その他にもPETAは二〇〇四年にはアメリカで「Live Make-Out Tour」と題されたイベントを行い、路上にセッティングされたベッドの上で下着姿の半裸の男女が過激なラブシーンを演じて見せた。「ベジタリアンはよりよい愛し合い方ができる」というアピールが目的だったようであるが、当然のことながら、公序良俗に反するのではない

か、など物議をかもした。

同じ〇四年には、スペイン北西部のガルシア地方で、飼育されていたミンク六千五百匹が動物愛護団体の手によって「脱走」させられる、という事件があった。イギリスの動物愛護団体「British Animal Liberation Front」の犯行と思われたが、ヨーロッパでは同様の事件が連続して起きており、逃されて野生化したミンクが深刻な問題を引き起こしているという報告もある。

前述したように、〇二年に移民制限を提唱した極右政治家ピム・フォルタイン氏は、国民的人気を博しながらも選挙（〇二年五月）直前に射殺された。当初、犯人は排斥された移民ではないか、と囁《ささや》かれていたが、実は動物愛護主義者を名乗るオランダ人であった。

暗殺と動物愛護活動に何らかの関係があったのかどうかは明らかになっていないが、複雑なことにフォルタイン氏自身も犬好きだったようだ。

また、フォルタイン氏の死後、行われたオランダの選挙では、アニマル・パーティ（動物党）と呼ばれるマイナー政党が二議席を確保してちょっとした話題となった。この政党が訴えているのは純然たる動物愛護精神で、「ペット虐待反対」「ペットフードから化学薬品の除去を」といった公約だけでふたりもの当選者が出たのである。

〝たかが動物〟のことでなぜここまで

こういった例からも、とくに欧米では動物愛護活動が広く根づいており、ときには過激化することもあるのがわかるだろう。

一方、日本ではこれまで「動物愛護」とか「動物保護」と聞けばなんとなく「犬好き、ネコ好きが集まって地域で活動」といったのほほんとしたイメージが浮かび、今ひとつ「過激化」とは結びつかなかったのではないか、と思われる。もっと言えば、〝たかが動物〟のことでなぜ破壊行動や殺傷事件まで起きなければならないのか、という意識もあったのではないだろうか。

一九九九年のシアトルＷＴＯの直後、産経新聞にこんなコラムが掲載された。執筆したのは、当時、新聞の編集委員だった高山正之氏だ。一部を抜粋して紹介しよう。

ロス駐在のとき、メキシコ・プエルトバヤルタで国際捕鯨委員会（IWC）総会が開かれた。

トロよりうまい「尾のみ」が好きで、もしかしたらまた食えるようになるかも、といった淡い期待もあって総会をのぞいてみた。

議場の円形のテーブルに加盟三十三カ国代表が座っているのはいいとして、それを取り囲むように三百人ほどの集団がいる。国際会議の関係者にしてはひどい身なりで、ジーンズにTシャツ、中には腕に入れ墨をした者もいる。

何者ですかと聞くと、これが今や泣く子もだまる環境、動物保護を訴える非政府組織（NGO）のメンバーだと胸を張る。

著者は、鯨の肉好きを公言し、「また食えるようになるかも」などと率直に胸のうちを語っている。そして、会議に参加している動物愛護団体のメンバーに「ひどい身なり」「泣く子もだまる」など明らかな嫌悪感を示す。

辛辣な発言で知られる高山氏だが、欧米で動物愛護活動がどれほど社会的影響力を持っているか、実感としてはわからなかったのではないだろうか。

この無自覚さは、コラムの後半でＷＴＯについて語るところまで続く。


今週、シアトルで開かれた世界貿易機関（ＷＴＯ）に数万人の環境ＮＧＯがなだれこんだ。クリントン大統領が手塩にかけ、ＩＷＣ総会では政府代表にまで取り立ててやった組織である。

しかし、彼らは自分たちの考える世界秩序が正しく、それに反する貿易自由化は「気に食わない」からと暴れ回り、商店街を襲って略奪もした。「より大きな法秩序のためなら現実の法律を犯して暴力に訴えてもいい」（ワトソン艦長）というわけだ。

おかげで国連事務局長ら要人を招いた開会式はお流れ。クリントン大統領は赤っ恥をかいたが、それでも怒りを腹にしまって、「ＮＧＯこそ何百万人の声を代表するもの」と彼らを改めて認知する発言をしていた。

素直に「いやあ、飼い犬に手を嚙まれちゃって」といえばよかったのに。

最後は駄洒落《だじゃれ》でうまく締めくくったつもりなのかもしれないが、筆者の「動物ごときのことでここまでムキになる理由がわからない」という発言は、今どきの感覚からすると、あまりにナイーブなものに思われる。しかし、この記事に抗議が殺到、といった話も聞かなかったから、これが当時の日本人の標準的な意見だったのかもしれない。

日本にもアニマルポリスを

しかし、それからわずか十年にも満たないあいだに、日本でも事態はかなり大きく変わったのではないだろうか。それを端的に表す例のひとつが、この章の冒頭に紹介した高島市の動物愛護団体とそれに反対する市民たちとの激しいぶつかり合いだ。〇七年に始まった「日本にアニマルポリスを誕生させよう！」という活動も、これまでには見られなかったものだろう。

アニマルポリスとは「動物に関わる犯罪を取り締まる組織・職名のこと」だそうで、この国によっては逮捕権を有するアニマルポリスが活動しているところもあるという。この運動を推進しているｋａｎａｋｏさんのサイトには、「動物になにかがあったときすぐに駆けつけて助けてくれる、飼い主が拒否しようが必ず保護してくれる、動物が幸せに生きるためになくてはならない存在だと思います。飼い主に虐待されているとわかっていてもすぐに助け出せるわけではない今の日本。助けたいのに助けられない。なんてもどかしい。アニマルポリスがいてくれたら!! 何度そう思ったことでしょう。一刻も早くアニマルポリスができることを望んでいます」（ｐａｐｉ）といった熱い投稿が相次いでいる。

「えさやり禁止」をめぐる攻防

また、地域の野良猫などの被害をなくすために多くの自治体が「えさやり禁止」といった方針を打ち出しているが、こういった方針に対する抗議も増えている。

たとえば、北九州市では〇六年、「ゴミや空き缶のポイ捨て」など二十の禁止項目を盛り込んだモラル条例を発令しようとしたが、その中の「野良犬、野良猫にえさを与える」に対して、地域の愛護団体が激しく抗議。「野良猫保護・管理ボランティア」の名前で市の機関に送った要望書は、「野良犬、野良猫は愛護動物であること」「野良犬、野良猫は自然の中で自活できない動物であること」「救済の環境問題改善の両立を図って」など六項目からなるものであった。

その結果、市はモラル条例から「えさやり」を外すことを決定。保護ボランティアの主張が全面的に認められた形となったのである。

しかし、こういった地域の野良猫そのもの、あるいはその保護活動を行うボランティアの行きすぎとも思われる行動に、一部では批判の声も上がっている。

横浜市磯子区ではこういった地域猫への「えさやり」をめぐるトラブルが絶えないことから、一九九七年、保健所に勤務する獣医師の発案により、「ホームレス猫防止対策事業」が立ち上げられた。

事業ではまず区民への詳細なアンケートを行い、それに基づいて「区民と考える猫問題シンポジウム（通称ニャンポジウム）」を開催。保護派・反対派の両方の意見を元に、「地域猫のガイドライン」が策定された。

こういった動きを受けてか、他の自治体でも同様の懇談会や集いが行われるようになった。たとえば東京都中央区でも〇四年五月に「人と動物とが共生できる地域環境づくり」を目指して中央区動物愛護懇談会を発足させた。ここでもやはり、愛猫家とえさやり反対派の双方が参加する「地域猫を考える集い」などが開催されている。

しかしこういった集いや会合が自治体主導で行われるということは、そうでもしなければ両者の溝は埋めがたいほど深い、ということも意味しているようだ。

知人から聞いた話でも、地域猫にえさを与える活動をしている人たちは、「ネコにえさをやらないでください」といった貼り紙を見つけただけで、「そんなひどいことを」と撤去を求め、集団で抗議に出かけることも辞さない、という。

そうされると反対派のほうもどんどん頑《かたく》なになり、ネコが自分の庭を荒らす映像をカメラに収めようと寝ずに庭を見張ったり、赤外線のセンサーを取りつけたりする。さいたま市では〇五年に、保護派の活動に業を煮やした男性が地域猫十匹以上を惨殺する、という事件が起きた。

動物愛護派の強固な思い込み

愛護派と反対派、両者のすれ違いは、なぜこのようにどんどんエスカレートしていくのだろう。

その理由のひとつとして考えられるのは、お互いに「自分の考えは絶対、正しい」と思い込んでいることがあげられる。そして、世界の愛護活動の過激さを見ていると、その思い込みは愛護派においてより強固なのではないだろうか。

内閣府が〇三年に行った「動物愛護に関する世論調査」でも、「ペットを飼うのが好きか嫌いか」という問いに対しては、「好き」とする者の割合が六五・五％（「大好き」一七・〇％＋「好きなほう」四八・五％）に対して、「嫌い」とする者も三一・六％（「嫌いなほう」二七・一％＋「大嫌い」四・五％）の割合でいる。

また、「ペット飼育による迷惑」に関する調査でも、「散歩している犬のふんの放置など飼い主のマナーが悪い」が六〇・三％、「ねこがやって来てふん尿をしていく」（四二・六％）、「鳴き声がうるさい」（三五・一％）、「犬の放し飼い」（二九・五％）などの順で回答が続き、「特にない」と答えた人の割合はわずか一二・一％となっている。

このように、世の中には「ペット嫌い」や「ペットは迷惑」と考えている人も一定の割合でいるにもかかわらず、愛護派の人たちは「動物を愛さないなんておかしい」という一方的な考えに基づき、自分たちの愛護活動を推し進めてしまうのではないか。

また、その「動物への愛」も動物生態学などに基づくものではなく、かなり情緒的な面があるようだ。

動物に関する知識がなさすぎる

イヌ好きが高じて、愛玩動物飼養管理士の資格を取った知人がいる。この資格は、一九八一年に社団法人日本愛玩動物協会というところが認定を始め、「幅広く、ペットとして飼われる動物に関する法令、基本的な飼い方や習性、しつけ方などを学ぶもの」とされている。

そもそもは、ペットショップを運営する人が持っていなければいけない国家資格を目指して作られたようだが、現在のところは協会認定資格にとどまっている。就職に直結するというよりは、「動物が好きなのでもう少し学んでみたい」という知人のような人が取得する資格になっているようだ。

そしてその知人が言うには、「地域で動物愛護の活動をする人たちは、動物に関する知識がなさすぎる」ということだった。

たとえば、そういった愛護活動のひとつで最近、急激に普及しているものに「ペットの里親探し」がある。これは、飼い主が亡くなったり捨てられたりして行き場がなくなり、保健所や動物管理センターに引き取られたイヌやネコを保護し、新しい飼い主への譲渡を仲介する、というボランティア活動だ。インターネットで「里親探し」と検索すると、個人で活動している人から組織的に活動している団体まで、その数はとても数え切れないほどある。

こういった動物を多数、引き取って育てている作家の柳美里氏は、自分のブログに「仕事にはいる前にかならず『いつでも里親募集中』のサイトをひらき、新たにアップされた棄て猫・犬たちの顔写真の目と目を合わせる」と記している。

それぞれのホームページを見ると、そこには愛すべきペット動物が捨てられ、処分されるという現実への怒りとともに、「新しい家族として迎えてくれる方に」「かけがえのない命を守りたい」といったヒューマニズムあふれる言葉が並んでいる。その活動を記録したブログなどを読むと、彼らが文字通り、寝食を忘れてイヌやネコのために奔走していることがよくわかる。

それで動物は幸福なのか

「その熱意はわかるんだけど」と飼養管理士の知人が話してくれた。

あるとき、里親ボランティアをしている主婦の自宅を訪問してみて、驚いた。「夫はいわゆる企業戦士、大学生や高校生の子どもはすっかり親離れしたので、新たにできた時間を動物のために使いたいんです」と話す彼女の家の中を、十頭以上のイヌが駆け回っていたのだ。

もちろんイヌたちは彼女の家に一時的に保護されているだけで、里親が見つかれば譲渡されるのだが、中には厳しいしつけが必要とされる大型犬も混じっており、壁や階段はかなり破壊されていた。またその大型犬の陰では、温和な性質といわれる小型犬がおびえるようにうずくまっていた。

「とても大切な活動であることは確かですが、やっぱりそれぞれの犬種に合った飼い方が……」と知人が言いかけると、これまで笑顔だった主婦の顔色が変わった。

「ワンちゃんたちをケージか何かに閉じ込めろ、と言うのですか！　このコたちはこれまで、ひどい目に遭ってきたんですよ！　せめてこれからは、自由を味わってもらいたいのに、それのどこが悪いんですか！」

「最近は、必要に応じてケージ内ですごせるようにしつける、というのがしつけの主流」と言おうとしたが、主婦のあまりの剣幕に口をつぐんでしまったのだという。

「イヌは自分のテリトリーがあったほうが落ち着くし、もともと祖先は穴ぐらで暮らしていたから、ケージですごすのは人間が思うほど苦痛じゃないのよねえ。フリーにする時間とケージ内の時間、そのメリハリを大切にしてやるほうが、大型犬自身にとってもいいと思うんだけどね」

　この知人の言う〝ケージを使うのが最近の主流〟というのが本当に正しい飼い方なのかどうかはわからないが、「このコたちは、家の中で完全に放し飼いしてくれる里親さんにしか譲りません！」と語気を荒らげるボランティアの主婦が、ペット動物の生態学や最新の飼育法について勉強しているようには思えない。やや極端な言い方をすれば、

「かわいそうなこの子たちは、きっと思いきり自由になりたいに違いない」と感情移入し、情緒的に行動しているだけのようにも見える。

そして、「本当は、イヌどうし、適切な距離が保たれていたほうがストレスが少ないんですよ」などといった意見に対しては、それがいくら〝イヌのために〟言われたことであっても、「イヌの自由を奪おうとしている」と虐待や残酷な仕打ちだと見なして敵視してしまうのだ。

たしかに、そのペットたちは身勝手な人間によって悲惨な経験をしてきているのであるが、里親探しのボランティアのほうが、当の動物以上に社会や人間に対して神経質になり、警戒心が高まっている。そして、それは実は動物の幸福につながっていない場合もあるのではないだろうか……。これが、飼養管理士の知人の結論であった。

里親ボランティアの世界の〝お作法〟

また個人的な話になるが、いま私が飼っているイヌとネコも、里親探しのボランティアから譲渡されたものだ。いずれもインターネットのサイトで写真や紹介文を見てメールを出し、連絡をもらって〝面接〟をして、すんなりと譲渡が決まった。私の場合は幸運だったのかもしれないが、ボランティアの方たちも感じがよく、知人のような体験はせずにすんだ。

ただ、これもこういった里親探しの場合、慣例のようなのだが、「どんな家で飼われることになるのか、見に行きたい」と言われたときは、家の中もちらかっていたので少々、面食らった。また、交通費まで負担してかなり遠くの町から私の自宅まで足を運ぶ、というボランティアの方たちの姿勢に、ちょっと尋常でない熱意のようなものを感じざるをえなかった。

演出家の松尾スズキさんも、ボランティアを介してネコをもらい受けた。

ネコとの生活を描いたマンガ『ニャ夢ウェイ』（ロッキング・オン社、二〇〇六年）には、いかにもまじめそうなボランティアの女性が「よろしくお願いします」と手わたした後、いつまでも「たまにお風呂に」「いっぱい遊んであげて」「名前はシマちゃんで」などと言い続けてなかなか立ち去らない、という情景が描かれている。松尾夫妻は、いちいち「はい」「はい」と答えながらも、心の中では「（写メなんて）おくらねーよ」「シマちゃんなんてありえねーよ」とつぶやき、イライラしている。

実はこの「ときどきメールや写真で近況を教える」というのも、こういったボランティアの里親サイトから譲り受けるときの条件になっている場合が多い。もちろん、「何カ月に一度」といった決まりがあるわけではなく、送らなくても催促されたりはしないのだが、この私でさえ一年に一、二度は写真を送っている。

二〇〇七年、渋谷区の高級マンションで妻が夫を殺害して遺体を切断する、という事件が世間を騒がせたが、あのときにも、まだ夫婦仲が良好だった頃のふたりが代々木公園でイヌを散歩させている写真とともに、「夫妻にイヌを譲渡したボランティア」の女性が「半年前までは、ご主人から定期的にイヌの様子を知らせる手紙が来ていたのに、最近は途絶えて心配していた」などとコメントする声がワイドショーなどで流された。

一般の人は「なぜ定期的に手紙を送っていたの？」と奇異に思ったかもしれないが、それがボランティアからイヌやネコを譲渡されたときの〝お作法〟なのだ。

このように、イヌやネコの里親を探すボランティアの世界のルールや価値観は、世間一般のそれとはやや違っていることもある。その〝ちょっとした違い〟がいつのまにか

『ニャ夢ウェイ』
（松尾スズキ＋河合克夫 ロッキング・オン）

〝大きなズレ〟になっていくと、いろいろな問題が起きてしまうのだ。

ボランティアに参加したことで人間不信に

また、里親ボランティアには、その内部で別の問題が起きることもあるようだ。日本で四百頭以上ものイヌを保護した経験を持つ里親探しボランティアのベテランに、マルコ・ブルーノさんという人がいる。彼は、ボランティアを始めよう、という人に向けてインタビューでこう語っている（ＹＡＨＯＯ！ペットボランティア特集２００７）。

せっかく気持ちよく参加したいと思っているのに、あとで人が信じられなくなったり、無力感に襲われることになってしまったというのでは本末転倒。そうならないためにも、いきおいだけで闇雲に参加するのでなく、慎重に選んだうえで自分の価値観に合ったところに申し込むというのがいいと思います。

では、この人たちはなぜ人間不信に陥るのだろう。もちろん、譲渡先とのトラブルもある。しかし、いちばん大きいのはどうもボランティア間の、いわゆる人間関係のトラブルのようだ。

里親ボランティアどうしの人間関係のこじれから心身の調子を崩した人に、診察室で会ったことがある。

もともとネコ好きだったその女性は、子どもの友だちの母親に誘われて地域ネコのためのボランティアグループに入ることになった。「やさしい人たちの中ですごしながら、大好きなネコに触れ合えれば」という軽い気持ちでの参加だったという。

ところが、えさやりに始まり、野良ネコを捕獲しての去勢・不妊手術やワクチン接種、子ネコの里親探し、そしてネコを虐待する人がいないかの監視、活動に反対する人たちとの話し合い、ほかのボランティアグループとのネットワーク作りなど、活動は多岐にわたり、かつ多忙であった。

リーダーは何かにつけてヨーロッパの例をあげながら、「日本は街のネコを大切にしない遅れた国」と言うのが口ぐせだった。しかし、実際にイギリスで暮らした経験があるその女性から見ると、ヨーロッパだからといって皆が皆、野良ネコに愛情を注いでいるわけではない。

あるとき、ミーティングで「でも、日本も漁村なんかではネコたちものんびり暮らして幸せですよね」と発言したところ、夜、メンバーのひとりから「ネコたちはひどい目にあっているのに、あなたはわかっていないみたいですね」という非難めいたメールが届いた。

数日後には、今度は別のメンバーから「○○さんたちはあなたのことを悪く言っているみたいだけど、意地悪なのは前からなので気にしないで。実は私も以前、あの人たちに……」と過去のトラブルをつづったメールが来た。その人はどうやら〝反・○○さん〟ということで自分たちは仲間、と思っているらしかった。

また、「地域ネコ」と言うべきところをうっかり「野良ネコ」と言ってしまった人が、ほかのメンバーからいっせいに攻撃される場面も見てしまった。

「地域のネコちゃんのために何かしてあげよう、なんていう心に余裕のある人たちの集まりだから、みんな当然、やさしくて寛大で、楽しみながらなごやかに活動しているのかなと思っていたのに……。言葉の使い方ひとつで、どうしてあんなにムキにならなきゃいけないのか。それに、こんなことを言うのは何ですが、ミーティングの最中に〝私はうつ病なの〟とか、まったく関係ない個人的な話をし出す人もいるんですよ。私にはちょっとついて行けません」

こんなつもりじゃなかった、と言いながら、その女性は「メンバーの顔を見るだけで最近は動悸がして」と症状を訴えた。

心に余裕がないから動物愛護に走る

彼女の最大の間違いは、「やさしくて寛大」で心理的にも「余裕のある人」たちだけが、あり余った心理的、時間的余裕をネコの活動にあてている、と思ってしまったことだろう。

もちろん、動物愛護活動をしている人の中には〝余力をまわしている派〟も少なくないと思われるが、逆にこの女性が参加したグループのメンバーのように、〝心に余裕がないからこそ動物愛護の活動に〟という人もいるのではないだろうか。

実は、私自身にも「心のすきまを動物で埋める」という傾向がある。

たとえば、仕事で重大なミスをしてしまい、落ち込んでいた時期があった。仕事の関係者に会うたびに、「また怒られるのではないか」と不安になり、どこかに逃げてしまいたい、と真剣に考えていたその時期、私が唯一、心をラクにできるのは、たくさんのイヌを飼っているホームレスのおじさんたちと話すときだけだった。

毎週、仕事でそのおじさんたちがいる駅前広場を通ったのだが、そのたびに私はわずかな時間、そこにしゃがみ込み、イヌたちの頭をなでながら「この子は本当に賢そうな顔ですね」などとひとしきり話をした。おじさんたちも、「このあいだもここにイヌを捨てて行った人がいる。本当にひどいよね」などと話してくれ、私はそのときは本気で「この人たちに自分の給料をすべて送金するためには、どうすればいいのだろう」などと考えたものだ。

しかし、駅前広場からホームレスを退去させる動きがあったらしく、おじさんたちはイヌたちを連れてどこかに移動してしまった。私は「毎週、寄っていたのだから、次、どこに行くか教えてくれてもよかったのに」と不満を感じながらも、連絡先や名前を教え合うようなつき合いではなかったのだからそれもあたりまえか、と思い直した。

私が一方的に「深いつき合い」をしていると思い込んでしまったのは、私にとってそのイヌたちが、「心のすきま」を埋めるための重要な存在になっていたからだろう。「今の私を受け入れてくれるのはこのおじさんとイヌたちだけ」などと思うのは、逃避以外の何ものでもないとその時点でもわかってはいたのだが、つらい状況になればなるほど、私が彼らとの語らいを必要としたのは事実だ。

心理的に余裕があって、余力をイヌやネコに向けるのではなく、人間社会で傷ついた心の穴を、もの言わぬイヌやネコ、あるいはそれに関する活動で満たそうとするのは、私だけでないのではないだろうか。

とはいえ、そのように心に穴が開いた人、傷ついた人が集まって保護活動が行われているとするなら、そこでさまざまな人間関係のトラブルが起きるのも十分、予想できることではある。

運動過激化の歴史とメカニズム

それにしても、いくら自分の心の穴埋めという目的ではあっても、最初は「かわいそうな動物を救いたい」という素朴な気持ちで始まるはずの動物愛護運動は、なぜ世界中で暴動や殺傷事件にまで至ってしまうのだろう。

動物愛護思想の歴史を遡《さかのぼ》るとギリシア哲学や仏教にまで至るとも言われているが、現代の形につながる社会運動としての動物愛護が始まったのは、十八世紀末から十九世紀にかけてのイギリスだと言われている。

十八世紀までのイギリスでは、闘鶏や闘犬、あるいは牛や熊に犬をけしかけたりする遊びが「アニマルスポーツ」として広く行われていた。しかし、産業革命による社会ならびに意識の近代化が進むと同時に、それを「残酷」あるいは「野蛮」と考える動きも活発になってきた。そして、十九世紀のはじめには王立動物虐待防止協会が設立されたのである。

その後、一九七〇年代には哲学的見地から「人間以外の動物の道徳的地位」を検討する動きが出現し、心理学者のリチャード・ライダーが「種差別」という言葉を生み出した。「種差別」（スピーシズム）とは、特定の種（人類）に属することを根拠に、その利益を他の種に属する動物の利益より優先させることである。

また、倫理学者のピーター・シンガーは、一九七五年に動物愛護運動の理論的支柱ともいえる著作『動物の解放』を、八五年には編著『動物の権利』を出版した（日本語版は戸田清訳、技術と人間）。

『動物の権利』の序文で、シンガーは種差別を否定し、次のように述べている。

……動物と人間が同様の利益をもっている場合――たとえば、肉体的な苦痛をさけることに対しては人間も動物も共通の権利をもっている――その利益は平等に考慮されるべきであり、人間でないからという理由だけで、自動的に利益を軽視されるということはあってはいけないということである。

哲学者のトム・レーガンは、「動物の権利（アニマルライツ）」の概念を強く主張した。彼は、動物は人間と同等の「固有の価値」を有しており、「アニマルライトの運動は人権運動に敵対するものではなくて、人権運動の一部」とし、「理性にもとづいて動物の権利の根拠を示す理論は、人間の権利にも根拠を与える」と述べている（前出『動物の権利』）。

毛皮業者への抗議・攻撃は日本でも知られているが、ほかにも先に述べたように、動物園、飲食店、動物実験にかかわる大学や研究所、企業にまで広がっていった。活動内容もどんどん過激化し、デモや文書などによる抗議だけではなく、嫌がらせ、業務妨害、従業員への脅迫や施設の破壊、放火などが行われるまでに至ったのである。

「これらの活動が拡大した場合、標的となった企業は物理的な被害のほか企業ブランドが失墜する等、大きな被害をこうむる可能性がある」と、「過激な動物愛護運動――その現状と対策」というレポートをまとめた東京海上リスクコンサルティング（株）のセイフティコンサルタントである山内利典氏は記している。

山内氏のレポートが強調しているのは、動物愛護・環境保護の活動は、それじたいが「反対を唱えがたく、また一般大衆の理解も得やすいテーマであるため、こうした抗議運動が一層過熱・拡大する傾向がある」ということだ。

動物を守り、環境を守る、というもともとのコンセプトじたいに異を唱える人はいない。そこで「動物愛護、大切ですよね」などと言っているうちに、彼らの活動はあっというまに過激化してしまうのだ。

万人受けする主張ゆえの厄介さ

山内氏のレポートはリスクコンサルティングの観点から書かれているのでいろいろと興味深いデータも載っており、そのひとつにこういった団体の資金源についての記述がある。一部を引用させてもらおう。

　こうした組織は、広く共感を得るため穏健な運動手法を用いる場合や、企業のイメージダウンを狙って過激な行動を行う場合等、個々の活動内容により使用する名称を使い分けているようである。

こういった巧妙な使い分けによって集める寄付の量は半端ではなく、ある団体は一七〇〇万ドル、別の団体に至っては六五〇〇万ドルもの収入を報告しているという。

つまり、「ウチは企業を脅す活動をしています」と言えば寄付する人もいないだろうが、「恵まれないワンちゃんたちに愛の手を」と募れば「動物好きの善良な人々」は何の疑いもなく千円、一万円と寄付するかもしれない。この〝隠蔽《いんぺい》〟にこそ問題がある、と山内氏は言うのである。

しかし、客観的には彼らがいかにも〝使い分け〟や〝隠蔽〟をしているように見えても、ここで問題がいささか複雑なのは、いくら放火や爆破のような過激な行動をとる団体だとしても、もともとは「動物好きな善良な人々」の集まりであり、善人向けの「恵まれない動物に愛の手を」という主張も基本的にはウソではない、ということだ。

とはいえ、ひとたびその攻撃対象になってしまった場合は、その過激さに辟易《へきえき》することは確かだ。山内氏のレポートにはその攻撃の種類が、次のように列挙されている（要約抜粋）。

会社近傍でのデモ。会社ビルの屋上によじ登り団体名の横断幕を掲げる。大量に電話、電子メール、ファックスなどを送りつける。偽爆弾の送付。職員自宅周辺へのデモ。芝生の上に除草剤を使ってスローガンを書く。標的とする人物に成りすまして通信販売やファストフードの宅配に偽の注文をする。車のドアに接着剤をつけて開閉できなくする……。

これらは主にイギリスの団体やそれに影響を受けたアメリカなどの団体の〝活動実績〟であるが、イギリスではこういった過激な活動の取り締まりが強化されつつあるため、彼らは「イギリス外での活動を強化する姿勢」を示しているという。

山内氏は「その新たな方針の主要標的として、日本企業・組織がターゲットになっている可能性がある」として、標的にならないために注意すること、いったん標的となってしまった場合の危機回避法などを系統的にアドバイスしている。

自分のための愛護活動

団体や運動の規模が大きくなれば、その中での権力闘争や金銭問題なども発生するのかもしれない。とはいえ、「動物愛護」を看板に掲げる以上、彼らは基本的にはあくまで「自分のため」ではなく「動物たちのため」に闘っているはずだ。

しかし、その「あくまで動物のため」という利他性が、彼らの活動に対する自己抑制力を失わせている可能性もある。「自分のため」なら「これ以上はやりすぎだろう」と止めることができても、「自分のためじゃないんだ」という大義名分があれば「ここまで」という歯止めをする必要もなくなってしまう。逆に「もっともっとやるべきだ」という声のほうが大きくなるだろう。

こういった運動のつねとして、活動が過激化すれば「活動のための活動」となって当初の目的は見失われてしまうのかもしれない。だがそれにしても、「動物大好き！」という無邪気な動機で始まるはずの動物愛護活動が、地域ネコを守る活動のように内紛を生んだり、一部の国際的な団体のように過激化してしまうのは、何とも不思議な話である。

その背景にある最も大きな問題は、活動をする人の多くが、生活や心に余裕があるから動物にもそのエネルギーを向けたり、人間にもやさしい人がそのやさしさを動物にも向けたりしているのではなく、逆に満たされない心を動物、もしくは動物愛護の活動で埋めようとしている、というところにあるのではないだろうか。

とくにイヌやネコなどのペット動物には傷ついた心を癒し、あいてしまった穴を埋めてくれる、という力があることは確かだと思うが、その延長で動物愛護活動にまで手を出してしまうのは問題、あるいは危険なのではないか。

それは結局、「動物のための愛護活動」に見えて、実は「自分のための愛護活動」にしかならないからだ。

第七章

ペットロスは理性を超えて

「そんなバカな」と思いながらも

シングル女性の老後についての本を書くために、葬儀のこと、墓地のことなどあれこれ調べていたときのことだ。

実家の墓がない、あるいはそこには埋葬されたくないシングル女性の場合、死後、散骨などではなくてどこかの墓に入りたいとなれば、「個人墓」か仲間との「共同墓」か、ということになる。

最近は、たとえ夫がいても、「婚家の墓には入りたくない」「死後も夫といっしょなんてイヤ」と個人墓を望む女性もいるそうだ。それを通称「あの世離婚」と呼ぶことも、あれこれ調べていくうちにわかった。

しかし、シングル女性や「あの世離婚」を望む女性には、実はもうひとつ別の選択肢もある。それについては、なかなか微妙な問題であるのと同時に、私自身、頭では「そんなバカな」と思いながらも「でもいいかも」と心が揺らいでしまったこともあって、その老後の本には取り上げなかった。

そのもうひとつの選択肢、それは「ペットと入れる墓」である。

その名も「Ｗｉｔｈペット」という名前の墓地や墓石を商品として企画している「メモリアルアートの大野屋」は、ホームページでそれについてこう説明している。


亡くなった最愛のペットと飼い主が一緒に供養ができるペットのお墓「Ｗｉｔｈペット」は、これまでのペット墓地や納骨堂スタイルとは違い、家族と共にペットも家族の一員として末永く、最大限の手厚いご供養を可能にした新しいスタイルのお墓です。

人間とすべての生き物が一緒に供養できること。「生前にともに生きたペットと一緒にお墓に入りたい」と願う方のための完全独立型の墓域です。ますます、絆を強めていく人と生き物の共生関係を永遠のものにする新たなお墓のスタイルです。
・お客様が、可愛がられていた大切なペットなら、あらゆるペットと一緒に眠ることができます。
・お好みに合わせて石碑のデザインや形は自由にお作りすることができます。

・ペットのご遺骨だけを先に埋葬することもできます。
・他の墓所からの移転も可能です。

ちなみにこの会社は、「ペットロス・グリーフケア用品」としてペットの仏壇、遺骨から作るペンダントなどさまざまな商品を提案し、販売している。墓石や仏具などを扱って長い歴史を持つこの老舗企業は、おそらく最近、〝ペットロス市場〟の広がりを肌身に感じているのだろう。

法律上は禁じられていない

それにしても、「ペットは家族」とはいえ動物であることには変わりない。その動物の遺骨と人間の遺骨をいっしょに埋葬することに、問題はないのだろうか。

自身もイヌ好き、ネコ好きを公言しており、『ペットはあなたのスピリチュアル・パートナー』（中央公論新社、二〇〇七年）という著作まであるスピリチュアル・カウンセラーの江原啓之氏でさえ、同書の中で「ペットと一緒のお墓に入ること」については「そこまで来ると、執着が強すぎるのではないか、と危惧してしまいます」と控えめながら否定的な意見を述べている。

この「ペットといっしょ墓」を肯定する人たちは、「縄文遺跡でも人骨とイヌの骨が近くから出てきた」「ピラミッドでも王のミイラのそばにネコのミイラが発見される」という例をあげることがあるが、それは呪術的な意味でそうしたのであって、決して家族としてペットを愛したことの結果ではないのではないか。

では、法律は「ペットといっしょ墓」をどう考えるのだろう。

埋葬にかかわる法律は「墓葬法」であるが、そこには動物の遺骨の埋葬の問題については何も触れられていない。それも当然で、動物の亡骸《なきがら》や遺骨は、法律上は「廃棄物」に相当するからだ。ちなみにこの「廃棄物」の取り扱いを決めているのは「廃掃法」であるが、そこにもそれを人間の遺骨とともに埋葬することの是非については、何も触れられていない。

つまり、「ペットといっしょ墓」は、法律的には良いとも悪いとも決められていないのだ。ただし、動物の遺骨は「モノ」と見なす現行法に照らし合わせるなら、それはお墓に納める故人のメガネや家族の写真などと同じ副葬品と同じと考えることができるだろう。「メガネは良くて、なぜペットの遺骨はダメなのか」という問いに対する答えを、今の法律は持ち合わせていないのだ。

だとしたら、あえて「Ｗｉｔｈペット」などという商品を作らずとも、誰もが勝手にペットの遺骨も墓に入れればいいような気もするが、そうもいかない。法律では定められていなくても、墓地の「管理利用規約」には「動物の遺骨は禁止」とうたわれている場合が多いからだ。

墓葬法の第一条には、「墓地、納骨堂又は火葬場の管理及び埋葬が、国民の宗教的感情に適合し、且つ公衆衛生その他公共の福祉の見地から、支障なく行われることを目的とする」という記載がある。「ペットといっしょ墓」を認めるか認めないかは法律の問題ではないが、「宗教的感情の問題」や「公共の福祉」を鑑みて、各墓地で決めてほしい、ということなのだろう。

法律では禁止されていないにもかかわらず、少なくともこれまでは「ペットといっしょ墓」がなかったということは、宗教的感情的には人間・動物の共同埋葬に抵抗を覚える人も多かった、ということになるかもしれない。

人間と動物をはっきり分ける仏教の教え

では、動物といっしょの墓を嫌う宗教的感情とはどういうものなのか。

日本人の多くは無宗教と言われるが、「葬式仏教」という言い方があるように、葬儀や埋葬となるとたんに仏教的な考え方が前面に出てくることが多い。仏教の世界観である「六道」では、「人間道」と「畜生道《ちくしょう》」とははっきり分けられている。「畜生道」にいる存在は、本能に支配され、自分の意思も持たぬまま人間に使役され続けると言われており、「仏の教えを得ることのできない救いのない状態」とされる。

そのように人間と動物とはまさしく「住む世界が違う」ものであり、両者がいっしょに埋葬されるのは、仏教的な感情とは相容れないということになろう。あるいは、せっかく現世では「人間道」にいたのに、動物と埋葬されることにより次は「畜生道」に落ちるのではないか、と恐れる人がいても不思議ではない。

しかし、「畜生道」にいる動物はいつまでもそのままか、というとそうではなく、シッダルタ王子時代の仏陀が出家する際、別れを悲しんで死んだ愛馬カンダカは、馬頭観世音として生まれ変わったそうだ。

また、三途の川を渡るときに僧侶に手を引いて導かれた動物は、次は人間に生まれ変わる、とも言われている。もっとも多くの動物は三途の川で引導を渡してもらうことができずに賽《さい》の河原をさまよい、再び畜生道に落ちてまた動物に生まれ変わるとのことだ。

先に紹介した江原啓之氏の『ペットはあなたのスピリチュアル・パートナー』では、さすが動物好きの江原氏は「動物は畜生道にいる」などといった言い方はせずに、「動物は人霊へと成長していく魂の進化の過程にある存在」とされる。魚から鳥へ、鳥からイヌへ、とまるで進化論さながらの再生が繰り返され、次第に人間に近づいていくのだそうだ。

「ですから、あなたが子どもの頃に飼っていた鳥が、早い再生を遂げた場合、今度は犬として再生している可能性もあるのです」と江原氏は言う。しかも、それは元の飼い主のところにではなく、「どこか別の場所や人のもとに、再生を遂げていることが多いでしょう」ということだ。

この江原氏の説にならえば、必死に人間目指して再生を繰り返し中の動物を人間といっしょの墓に眠らせるのは、動物にとっても〝進化の邪魔〟ということになるのかもしれない。

畜生道に落ちるなら望むところ

このように仏教から流行りのスピリチュアルまで、何らかの宗教的な考え方をする人たちは、どうも「ペットといっしょ墓」にはあまり肯定的ではないようだ。おそらくそれは、従来の多くの日本人の感情とも一致していたのだろう。

しかし、今は違う。いくら仏教では許可していなくても、スピリチュアル・カウンセラーが難色を示しても、「愛するペットといっしょにお墓に入りたい」と考えて実行してしまう人たちが増えてきているのだ。

この人たちは、「畜生道などという考え方じたいが古い」と宗教的な考えそのものを拒絶している合理主義者なのだろうか。おそらくそうではない。「死んでも愛するペットといつまでもいっしょにいたい」と願う彼らは、ある意味で人いちばいロマンチストであり、死後の世界を信じるスピリチュアルな人であると言える。

こういう人たちが、従来の仏教的解釈や江原氏の霊界解釈をナンセンスだとして意に介さないとは思えない。おそらく彼らは、「たとえ畜生道に落ちてもよいから、〝霊格〟が下がってもよいから、このコといつまでもいっしょに」と主張するのではないだろうか。「動物に執着すると畜生道に落ちますよ」という脅しは彼らには通用しないどころか、「望むところです」と言われるかもしれない。宗教的感情よりも、ペットを愛する感情のほうが勝っている。

次に述べるように、おそらくこれから、愛するペットとの別れにより深い心的ダメージを受けるペットロスの問題は、ますます深刻化するであろう。そして、何をしてもペットロスから立ち直れない人にとって究極の慰めこそ、「死んでから永遠にいっしょにいられる」というこの「ペットといっしょ墓」なのだ。そう考えると、今後ますますこのスタイルの墓は増えていくに違いない。

この章の冒頭にも記したが、死後の世界や生まれ変わりを信じていない私でさえ、

「Withペット」の存在を知ったときに一瞬、心ひかれてしまった。それは、死後の世界で永遠にいっしょに、と思ったからというよりは、現実的に自分の遺骨がどこに収納されるかと考えたときに、仰々しい「先祖代々の墓」より心許したペットたちの遺骨とひっそり埋葬されるのが好ましい気がしたからなのだが、私の中にもまだどこか釈然としないものも残る。

私は最終的に「ペットといっしょ墓」を選ぶことになるのかならないのかは、自分でもまだよくわからない。

ペットロスからうつ病になる人が続出

これまで信仰心を持たない日本人も、葬儀や供養に関してだけは頑なに守り続けてきた〝仏教の教え〟。それをあっさり無視して「ペットといっしょの墓に」と考える人が出てきた。今や日本人は、〝葬式仏教〟さえ捨てようとしている、ということか。

それは違うだろう。「ペットといっしょ墓」を希望する人に「それは、仏教の六道の教えでは……」と説明すれば、返ってくる答えは、「仏教なんて信じません」ではなくて、「もちろんそれはよくわかっています。わかってはいるんだけど……」といった煮え切らない言葉なのではないだろうか。

その墓を選ぶ彼らの心情は、宗教や道徳、合理的な思考を超えたところから発しているのだ。もっと言えば、それは「どうしてもそうせずにはいられない」「やむにやまれずそうしてしまった」といった類《たぐい》の行動なのだろう。

では、なぜそんなことになるのか。それは、言うまでもなく長年、生活をともにしてきたペットとの別れがあまりにもつらいからである。

いわゆる「ペットロス」の問題は、一般の人たちだけではなく高名な作家や学者をも悩ませていることについては、前半の章でもくわしく触れた。

破壊力のある文体で知られる作家の町田康氏は、ネコたちとの暮らしを描いたエッセイ集を何冊か出版している。その一冊、『猫のあしあと』（講談社、二〇〇七年）には、作者の〝ともだち〟だというゲンゾーとの別れを経験した直後の町田氏が、次のように振り返る箇所がある。

ずっとゲンゾーと一緒だった。ともだちだった。ゲンゾーがいなくなるということを私は迂闊にも考えたことがなかった。（中略）
自分のなかから重要なものが抜け落ちてしまったようだった。空虚だった。俺も早く死にたい、と思った。

「空虚」「早く死にたい」という町田氏の気分がその後、どれくらい続いたかは記されていないが、いまの精神医学の診断基準では、原因に関係なくこういった気分が二週間以上続けば、「うつ病」と診断されることになっている。

そう考えれば、ペットロスからうつ病に移行する人も少なくない、ということが容易に想像できるだろう。そして実際に、いまそういう人たちが数多く獣医師のもとや心療内科、精神科を訪れ、問題になっている。

『週刊朝日』の「熟年世代が陥る『ペットロス』危機」という記事（二〇〇七年十月十九日号）にも、獣医師兼心理カウンセラーが、ペットロスによって食欲不振や不眠、無気力状態、後悔や自責の念などが生じることを語っているが、この中にも精神科では「うつ病」と診断される人も少なからず混じっているのではないか、と思われる。

“予言”どおり深刻な社会問題に

私は今から十年ほど前、獣医学者の鷲巣《わしず》月美《つきみ》氏に招かれて大学で行われたシンポジウムに出席したことがあった。その場ではたしか、ペットロスの問題だけではなくてアニマルセラピーの可能性などについても話し合ったと記憶しているのだが、当時は「ペットについて学者らが集まって真剣に語る」ということにも一抹の気恥ずかしさを覚えた。ただそこで、ふたつばかり印象的なことがあった。

ひとつは、そこに出席していたペット研究家のひとりがたまたま高名な精神医学者の妻であることがわかったのだが、彼女が「いちばん癒されるのは、飼っているウサギのふわふわの毛に顔を埋《うず》めているとき」と語ったことだった。

「ふわふわの毛に包まれたい」というのは、精神医学的には「母親に抱かれていた子ども時代に戻りたい」という退行願望と解釈される。しかも、その相手がイヌやネコでなく表情の乏しいウサギというのは、その願望はかなり強烈なのではないか。言語的コミュニケーションはお断り、言葉もまだ知らずに母親や毛布に包まれていた赤ちゃん時代に戻りたい、とも受け取れるからだ。私は、あの立派な精神医学者の妻でさえ、強い退行によってしか救われないようなストレスがあるのか、と驚いたのである。

それからもうひとつ印象的だったのは、鷲巣氏が「ペットロスはこれから深刻な社会問題になる」と口にしたことだ。そしてその〝予言〟どおり、空前のペットブームがやって来て、こうしてペットロスに苦しむ人も増えた。

鷲巣氏はその後、『ペットの死、その時あなたは』(三省堂、一九九八年)というペットロスに関する本を出した。ここでは、「ペットロスは愛する動物を失ったことに対する正常な反応」とされ、「ペットロスが社会的にも、その当事者にもしっかり認知されることが大切」と強調されている。

ペットロスが理解されることで、そのダメージからの正常なプロセスでの回復も促進される、というのが鷲巣氏の主張である。何人かの著者によって、海外のペットロス対応事情、ペットロスから立ち直った人たちの体験談、日本の支援システムから動物医療の現状や法律の問題までが網羅されたその本は、たしかにペットロスを全般にわたって知り、自分に役立つヒントを得るためにはたいへんに有効だ。

ペットロス版「千の風になって」

しかし、先にも述べたようにペットロスの悲しみ、苦しみは、理性や合理的な思考を超えたところからやって来る。「よくわかってはいる。でも、どうにもならない」と泣き、落ち込む人も少なくない。

だからこそ彼らは、「いっしょのお墓に入る」といった極端な解決策を講じようとするのだ。「大丈夫、死んだら永遠にいっしょだから」と自分に言い聞かせることでしか、彼らはその悲しみから立ち直ることができないのだろう。

実は、ペットロスの解説書にも、鷲巣氏のように正統的な方法（問題の理解や洞察）でその克服を促すものだけではなく、このように「ペットとの再会」を保証することで悲しみを癒す、というタイプのものも少なくない。

たとえば、ペットロスにひどく苦しんだ人なら、一度は「虹の橋」という言葉や考え方を聞いたことがあるのではないか。「虹の橋」の元になっているのは、「千の風になって」と同じような作者不詳のふたつの詩、「Rainbow Bridge」「At The Rainbow Bridge」だと言われている。「原文は英語だが、古いインディアンの伝承にもとづいている」というのも、どことなく「千の風」に似ている。

いろいろな日本語訳があるが、次ページにそのうちのひとつをあげておこう。

私がスピリチュアルにハマったとき?

湯川れい子氏の訳に絵をつけた絵本版『虹の橋』（宙出版、二〇〇六年）、愛するペットの別れの体験と「虹の橋」での再会を心待ちにするメッセージを集めた『「虹の橋」で逢おうね』（イーグルパブリシング、二〇〇五年）など、これに関した本もいくつか出版されている。

ペットロスについて心理学的、社会学的に正しく理解して乗り越えよう、という鷲巣氏たちのアプローチと、「虹の橋で必ず再会できるから、大丈夫です！」と呼びかけるのと、どちらが信頼できるだろう。

もちろん、理屈で考えれば前者のほうなのは明らかなのだが、ペットロスに苦しむ人

虹の橋

天国の、ほんの少し手前に「虹の橋」と呼ばれるところがあります。

この地上にいる誰かと愛しあっていた動物たちは、
死ぬと『虹の橋』へ行くのです。
そこには草地や丘があり、彼らはみんなで走り回って遊ぶのです。
たっぷりの食べ物と水、そして日の光に恵まれ、
彼らは暖かく快適に過ごしているのです。

病気だった子も年老いていた子も、みんな元気を取り戻し、
傷ついていたり不自由なからだになっていた子も、
元のからだを取り戻すのです。まるで過ぎた日の夢のように。

みんな幸せで満ち足りているけれど、ひとつだけ不満があるのです。
それは自分にとっての特別な誰かさん、残してきてしまった誰かさんが
ここにいない寂しさを感じているのです。

動物たちは、みんな一緒に走り回って遊んでいます。
でも、ある日その中の一匹が突然立ち止まり、遠くを見つめます。
その瞳はきらきら輝き、からだは喜びに小刻みに震えはじめます。

突然その子はみんなから離れ、緑の草の上を走りはじめます。
速く、それは速く、飛ぶように。あなたを見つけたのです。
あなたとあなたの友は、再会の喜びに固く抱きあいます。
そしてもう二度と離れたりはしないのです。
幸福のキスがあなたの顔に降りそそぎ、
あなたの両手は愛する動物を優しく愛撫します。

そしてあなたは、信頼にあふれる友の瞳をもう一度のぞき込むのです。
あなたの人生から長い間失われていたけれど、
その心からは一日たりとも消えたことのなかったその瞳を。

それからあなたたちは、一緒に「虹の橋」を渡っていくのです。

日本語訳YORISUN

たちが、とにかく「また会える」「いつまでもいっしょ」というシンプルで直接的な言葉を待っているのは、これまでも繰り返したとおりだ。

しかし、私自身にも「虹の橋」を批判的に語る資格はない。『スピリチュアルにハマる人、ハマらない人』（幻冬舎新書、二〇〇六年）でも述べたのだが、スピリチュアルなものにはまったく関心がない私も、生涯で一度だけ、その手の本を真剣に読んだことがある。それは、イギリスの霊能者ハロルド・シャープが五十年以上前に書いたといわれる『ペットたちは死後も生きている』（日本教文社、二〇〇二年）だ。

「死後の世界」と現実の世界を自在に行き来できる、という著者は、亡くなったペットたちの霊魂が元の飼い主に寄り添っている様子や、ペットたちが死後の世界で楽しく暮らしながら飼い主との再会を待っている様子をリアルに語る。

冷静に考えれば「死後も生きている」というタイトルも含め、荒唐無稽《こうとうむけい》以外のなにものでもないような話なのだが、私自身、ペットの死から立ち直れずにいるときには「時間が解決するよ」といったどんな慰めよりも、この本の内容が説得力あるものに思われてしまったのだ。というより、「再会できます。私は見ました」というこの本は、「そうであってほしい」という自分の願望とまさにマッチするものだったので、「ほら、やっぱり！」と腑に落ちた感覚を味わったのであろう。
一般に批判的な意見が少なくないアマゾンのレビューでも、この本に関する二十件以上のコメントは、すべて「救われました」「ありがとう」といった感謝ばかり。その一部を紹介しよう。

この夏に、ふたり暮らしだった猫が亡くなり、ごはんも食べられなくなり、すべての気力をなくしていました。その時期、この本を何回読んだかわかりません。死後も生きている……。もちろん、そう信じてはいましたが、身をもって確信できたわけじゃありませんでした。そして、ついこのあいだ、死んだはずの猫が、ベットで寝ていた私の足元から、ゆっくり歩いて私の顔のそばまで来たのです。ハロルド・シャープさんのこの本はおとぎ話でもなんでもなく、本当のことだったんだ！　ってわかりました。

（yuri　一部要約）

私のような、ほかの人を救う〝専門家〟もいる。

私の仕事は獣医師なので、動物たちの死は何度となく経験しています。しかし、何度経験しても、別れはつらいものです。飼い主として、自分のうちの子を看取った時も、悲しくてどうしようもありませんでした。そんな時、この本に助けられました。命は死んでしまったら終わりではないのです。（ひかり）

他者のペットロスを救える方法はプロとして身につけていながらも、自分がそれに陥ってしまった場合は、「死んでも生きています」といった無茶苦茶なメッセージにすがるしかない。そういう人は、私だけではないようだ。

どうにも理不尽な別れではあるが

親との別れなら「人生につきもの、誰もが経験すること」と自分に言い聞かせて納得させることもできれば、「あの人も好きなように人生を生きたのだから満足しているはず」と都合のよい考え方をすることもできる。

しかし、ペットの場合は、ひたすら飼い主を喜ばせ、楽しませるために存在したように見えるので、「まあ、あいつもワガママな生涯だったから」と考えることはむずかしい。たとえ天寿をまっとうしたとしても、イヌやネコならそれはせいぜい十年から二十年ほどだ。だから、その死や別れは、飼い主にとってどうにも理不尽で気の毒なものに思えてしまうのだ。

私の患者さんの中でも、ペットロスに耐えられず、「霊界のペットにパワーを送り、あなたのメッセージを届ける」という触れ込みの霊能者のところに、高い料金を支払って通っていた人がいた。ネットで客を募集しているというその霊能者は、どう考えてもあまり信用がおける人とは思えなかったのだが、私にはどうしても「やめてください」と言うことができなかった。

町田氏も、先の『猫のあしあと』のあとがきでこう言っている。

地面にへばりついて暮らしていても人間をやっておれば七十年かそこらは生きる

のだけれども、猫は長くても二十年くらいで死んでしまうという点で、これは寂しく残念なことである。

とはいえ、ペットの死となるととたんに理性を失い、立場も顧みずに悲しみに暮れ、「ペットといっしょ墓」などのペットロス商法に飛びついたり、高いお金を払って霊能者に「死後のペットの霊」を呼び出してもらったりするのは、やはり問題なのではないだろうか。

ペットとの別れは、どうにもならないほど悲しい。でも、どうにかしなければならないのが、そしてどうにかできるのが人間、というものでなくてはならないのではないか。

第八章 なぜイヌやネコでなければダメなのか

これまで、過熱するペットブームの背景にあるのは、「心のゆとり」ではなくてむしろ「心のすきま」なのではないか、ということを具体例をあげながら浮き彫りにしてきた。

もっと言えば、ヒューマニズムの延長の上に「動物への愛」があるわけではなく、それとこれとは別のものであり、ときにはヒューマニズムには欠けているのにペットにだけは惜しみなく愛を注ぐ、という人たちまでがいる。

では、その現代人たちの「心のすきま」とは何であり、イヌやネコはそれをどのように埋めてくれる、あるいは埋めてくれるような気がするのだろう。これまで述べてきたことにも重なるが、ここでまとめてみよう。

いずれは履歴書の「家族構成」の欄にも？

ペット関連産業のＣＭに必ずといってよいほど登場するフレーズに、「ペットは大切な家族」というのがある。「家族」だと見なした時点でそれは「ペット」ではなくなるはずなので「ペットは家族」という言い方じたいに矛盾があると思うのだが、誰も気にしていない。

おそらく現代の人たちにとっては、「ペット」は「長男」とか「末っ子」と同じような、家族の構成員を指すもののひとつなのだろう。

今のところはまだ、職場などに提出する履歴書の「家族構成」の欄にイヌやネコを記載した、という話は聞かないが、これからそういう人も出てくるのかもしれない。航空会社の「ペットお預けサービス」のカウンターで、「ウチの子を貨物扱いするとは何事だ！」と怒る人は、すでに存在するようだ。

このようにペットを「家族」と言い、「ウチのイヌ」を「ウチの子」と言うようになった背景には、日本で進行しつつある少子化が一役買っているのは、間違いないだろう。

昔は、一家に子どもが五人も六人もおり、ペットなど飼う余裕はないか、イヌなどがいたとしても庭や玄関先などの屋外で飼育されていた。

子育てに追われて動物を飼うことなどとても考えられない、という家庭でも、子どもが小学生くらいになると「イヌを飼いたい」と言い出したり、ネコを拾ってきたりするようになる。母親は「あなたたちが責任を持って世話するのよ。結局は私が食事も散歩も、なんていうのはイヤですからね」などと言いながら、渋々、飼うのを許可する……。こういうパターンが一般的だったのではないか。つまり、ペットはその家庭の子どもの希望で飼われることが多かったのだ。

ところが今は、そもそも子どもの数じたいが少ないので、ペットは最初からその家で飼われていることが多い。

よくペット雑誌の相談コーナーにも、「ネコを飼っていましたが、今度、赤ちゃんが生まれることになりました。仲良くできるでしょうか」といった相談が寄せられている。「子どもに危害を加えないでしょうか」ではなくて、あくまで「仲良くできるでしょうか」とペットと子どもが同列に扱われている。内容としては、「子ネコをもらうことになりましたが、先住ネコとうまくいくでしょうか」というのと変わらない。

「子どもがふたり」までが溺愛の分水嶺

子どもがおらずに自分とペット、あるいは夫婦とペットだけ、というケースも少なくない。無類のペット好きとして知られる作家たちの中でも、江藤淳氏や町田康氏の家庭には子どもはいない。ネコとの暮らしを『99・9％猫が好き』（小学館文庫、二〇〇七年）というエッセイ集にまとめた科学ジャーナリストの竹内薫氏も妻とふたり暮らし、大のイヌ好きの池田満寿夫氏と佐藤陽子氏もそうだった。もちろん米原万理氏のようにイヌ、ネコと自分だけ、あるいは夫婦ではなくて親子ふたり暮らし、というパターンもある。

もちろん、現在、子どももいるがイヌやネコも好き、という人もいる。柳美里氏やよしもとばなな氏などがそうだが、いずれも子どもはひとりである。

四人の子どもがおり『私たちは繁殖している』という出産本シリーズもある内田春菊氏、ふたりの子どもとの生活を描いたマンガ『毎日かあさん』の西原理恵子氏の家庭には、イヌやネコはいないようである。

最近、イヌに「完全にはまった」とエッセイで書いている齋藤孝氏の家庭には、子どもがふたりいるようだ。

親ばかとは自分のことを言うのだろう。自慢ではないが、妻もふたりの息子も相当の親ばかである。だがそれも仕方のないこと。揃いも揃って親ばかになる程、我が家の姫君はかわいいのである。

姫の名はヌーピーちゃん。通称ヌピちゃん、パピヨンのメス、三歳。

（「犬と私たちの10の約束」『文藝春秋』二〇〇七年十二月号）

日本語の達人として知られる齋藤氏であるが、「読者の方々は、親ばかの話を聞かされてもうんざりなさるだけでしょうが、他にお話しすることがない。かわいい、という話以外はないのである」とあっさり言い切っている。ネコ好きの漫画家・桜沢エリカ氏も「子どもがふたり」であるが、『シッポがともだち』というネコ漫画はいつのまにか子育て漫画に変わった。

そう考えると、熱狂的なイヌ、ネコ好きの多くは「子どもがゼロかひとり」「子どもがふたり」が分水嶺で、「子どもが三人以上」には「何よりもイヌ、ネコ」という人はほとんどいない。もちろん例外はあるにせよ、こんな法則が見えてくる。だとすれば、少子化が進行すればするほど、ペットブームが過熱するのも当然と言えるだろう。

　私にも子どもがいないのだが、実家では私と弟が子どもだった頃から、イヌや鳥、リスなど多数の動物を飼っていた。ただしそれは先ほど記したとおり、あくまで「家族」よりは一段階落ちる「ペット」という扱いで、食事や寝室も別であった。また、少なくとも建て前では、「子どもたちが飼いたがるものだから」という理由で飼育されていた。

　前半の章でも記したとおり、今は実家の両親がイヌに対して並々ならぬ愛情を注ぐのでそこからいろいろな問題も派生しているのだが、そのような事態が進行したのは、やはり私たち姉弟が独立した後だったように思う。

　だとすると、ペットブームの背景には、少子化だけではなく、核家族化の進行による高齢者夫婦あるいは高齢者単身の世帯の増加も関係しているということになる。『ハラスのいた日々』の中野孝次氏の家庭も、イヌを飼い出したのは子どもたちが独立して、再び夫婦ふたりきりの生活を始めてからのようだ。

ペットが少子化の原因になっている？

第一章でもふれたが、ペットフード工業会の調査によれば、全国で飼育されているイヌとネコの数は合計で二四〇〇万匹以上。一方、十五歳未満の子どもの数は、二〇〇七年には一七三八万人にまで減少している。いまや子どもよりもペットの数のほうが多いのだ。

では、このペットブームは少子化の結果なのだろうか。それとももしかすると、「イヌやネコがいるから、もう夫（妻）や子どもはいらない」と非婚化、少子化の原因になっている可能性もあるのだろうか。すぐに答えが出る問題ではないが、少し考えてみたい。

女優の小林聡美氏は、この点についてエッセイ集『ワタシは最高にツイている』（幻冬舎、二〇〇七年）の中で微妙な書き方をしている。ネコ三匹、イヌ一匹を飼っている生活について語りながら、こんなことを言っている。

……そんな我が家を、「ああ、そんなに犬猫がいたんじゃゃ、子供もできないわねえ……」とか、「なんだか家の中、臭そう」とか、親切なかたがたがいろいろ心配してくださる。実際、結婚九年にして、心配通り子もいないので、彼らがカスガイになっているのは確かだし、多分、家の中はケモノ臭が充満しているに違いない。

この文章をそのまま真実と考えるのには無理があるが、おそらくイヌやネコを「家族」と言ってはばからない多くの単身生活者や夫婦ふたり暮らしの人たちも、この溺愛が自分が直面している非婚化、少子化の原因なのか結果なのか、よくわからない、というところなのではないだろうか。

さて私の場合は、と考えてみても、同じようによくわからない。実家の母親には「そんなにイヌやネコばかり飼っていると、まわりの人たちから〝子どもがいないから、動物を代理にしている哀れなオンナ〟と思われるわよ」とよく脅かされるのだが、自分ではペットで代理満足を得ている、という気持ちはほとんどない。

では、動物に愛情を注ぎすぎているから、あるいはそこから得られる反応で満足しているから、実際の子どものことは真剣に考えなかったのか、と言われると、正直なところこちらは否定できない気がする。

次に述べるように、人間から得られる満足と、動物から得られるそれとでは質が違うはずなのだが、「イヌがこんなにかわいいんだからこれでいいや」などと充足しきってしまい、「なんとしても早く子どもを持たなくては」と切実な気持ちになることがついにできなかったのだ。

さらに言えば、イヌやネコへの愛情あるいはそれらから与えられていると思っている愛情は、一般に「無邪気な愛」などと称されており、「性愛」とは対極の性質を持つ、ということも関係しているとは考えられないだろうか。

これも私の場合だけかもしれないが、性別や年齢を感じさせないイヌやネコに同化するようにして遊んだり笑ったりしているうちに、自分から性愛的な要素がどんどん薄れていくのを感じる。イヌやネコが寝室でいっしょに寝ているためにセックスレス状態、という夫婦の場合、寝室にペットという邪魔者がいるためにセックスレスになっているだけではなく、ペットが夫や妻を心理的に脱性愛化させた結果として、「セックスなどは考えられない。だから寝室にペットがいてもまったくかまわない」ということになっているのではないだろうか。

もちろん、性愛の結果である「子ども」にも、いったんできた場合は、それじたいが親を脱性愛化させることもある。診察室でセックスレスの悩みを語る妻や夫の多くは、「子どもが生まれてからそうなった」と語るが、そこにもやはり、子どもの存在が物理的に両親のセックスを妨げているという側面と、未成熟な子どもの存在そのものが親を心理的に脱性愛化しているという側面があるのだと思う。

とはいえ、数字的な根拠があるわけではないが、心理的な脱性愛化を促進する力は、子どもよりもイヌやネコのほうがより強いようにも思うのである。

もし、このようにペットブームが少子化の結果、起きているのではなくて、一部で少子化の原因になっていると考えられるということが明らかになれば、少子化抑制のためには「ペット飼育禁止」などということも真剣に講じる必要もあるのかもしれない。

しかし、ここまでペット産業が肥大化し、「イヌやネコは大切な家族」という考えも肯定的に受け入れられている現状では、「ペットは少子化の原因」などと発言することさえタブーと見なされることは間違いない。

「イヌやネコには打算がない」のウソ

少子化の次に指摘したいのが、「関係欲求」についてである。

恋人になりたがっているように見せかけて接近し、結局は高額な商品を購入させる「デート商法」と呼ばれる悪徳商法の被害者になる人が、いまだに後を絶たない。とくに地方から入学や就職のために都会に出てきた若い男女が、その犠牲者になりやすい。あるいは、マンションの一室で子育てをする母親に「ホームパーティをするから来てね」と誘いをかけ、高額な食器や鍋のセットなどを購入させる「パーティ商法」というのもある。

これらはいずれも、「友だちがほしい」「孤独な生活はいやだ」という人間の「関係欲求」という心理につけ込んだものだ。

しかし、こういった悪徳商法のケースが新聞やテレビで報道されたりすると、それを見ていた人たちは、この「関係欲求」は危険なものなのだ、と学習することになる。とはいえ、よほどマイペースな人や人間嫌いな人でもない限り、この「関係欲求」を持たずに生きることはむずかしい。

イヌやネコが好きな人たちはしばしば「動物は裏切らない」と言うが、裏を返せばこれは「人間は裏切る」ということである。

しかし、たしかに動物は詐欺を働いたり悪徳商法を仕掛けたりはしないが、よく考えてみれば人間であれば「裏切り」と見なされるような行為をすることもある。たとえばネコの場合は、外に出かけて別の家に寄ってそこの人たちに甘えたり餌をもらったり、という話もよく聞く。イヌのほうが飼い主に忠実とは言われるが、飼い主に突然、攻撃を加えたり、初対面の他人になついたりすることも珍しくない。中には、住んでいる家から脱走を企てるものさえいる。

それでも、多くのイヌ好き、ネコ好きが「人間は信じられないが動物なら信じられる」というのはなぜだろうか。それは、彼らの中の「裏切り」の定義の問題なのだろう。人間の場合は、「関係欲求」につけ込んで接近して来る人には、金をはじめとする何らかの打算や計算がある。つまり、明白な目的のもと、最初から「だましてやろう」という意図があり、「関係欲求」はそのために利用されたにすぎないのだ。

一方、イヌやネコの場合は、結果的には「ほかの人によりなつく」といったことが起きたとしても、自分にからだをこすりつけたり尻尾を振ったりしていたときには、「いずれ裏切ってやろう」という見通しや目論見があったわけではない。自分の「関係欲求」は満たされこそすれ、決して利用されたわけではない。だから、将来的には何が起きようと、それは裏切りとは見なされない。

ただし、イヌやネコには何の打算もない、という考えは正しくない。彼らには、「えさがほしい」という何より明確な目的があることは、忘れてはならないだろう。

イヌ好きは、「ほかの動物が芸をするのは褒美のえさがほしいからだが、イヌだけはえさの報酬でなく飼い主を喜ばせるために芸や仕事をする」と主張する。たしかに、盲導犬や介助犬はいちいち褒美のえさをもらわなくても飼い主のために仕事をするが、それを即、「無償の愛」と考えるのは次に述べるように人間の勝手な解釈なのではないだろうか。

話さないからこそ最高の相手

現代人の「心のすきま」をもたらしている三つめの要因として考えられるのは、「言葉によるストレス」である。

精神科にやって来る人たちは自分の心のうちや悩みを言葉にして語りたがっていると思われているが、実は誰かの言葉に傷つけられ、「もう言葉はたくさん」と思っている人も少なくない。

たとえば「姑に〝あなたは要領がいいわね〟と言われて傷ついた」と落ち込んでいる人には、まず「もしかすると、それはほめ言葉だったのかもしれませんよ」などと別の解釈をするように促してみるのだが、「でも先生、〝要領がいい〟ってどう考えてもほめるときには使いませんよ」と言われるなど、うまくいかないことが多い。言葉は表情などとは違ってそれじたいメッセージ性が強いものなので、それを別の意味に解釈するのはなかなかむずかしいのだ。

このように、ほかの意味に解釈するのがむずかしい傷つく言葉、落ち込む言葉にさらされ、疲れきっている人たちは、無意識ながら「言葉のない世界に行きたい」と思っていることもある。あるいは、「笑顔」「色」「香り」など自分が受け取りたいようにメッセージを受け取ることができるものに包まれていたい、と願っている人もいる。

アロマテラピーやその人に合った〝色〟を見つくろってくれるというカラーセラピーが根強い人気を呼んでいるのも、言葉で疲れ、その世界を拒絶したいと思っている人が増えているからなのではないだろうか。

かといって、「植物」「鉱物」などあまりに反応がわかりにくいものからメッセージを受け取る、というのもむずかしい。キャラクターグッズであればそこに自分の想像を仮託して、「キティちゃんも私といっしょに笑っている」「スヌーピーもなんだか悲しそう」などとその表情を自在に解釈することもできるが、それでもまだ物足りない、という人もいるだろう。

そういう人たちにとって、言葉は話さないが、あたかも言葉を一部、理解しているかのように反応してくれるイヌやネコが、最高のコミュニケーションの相手であることは間違いない。彼らは「話さないからこそ」、そして「話さないがそれなりに反応があるからこそ」、人間にとっては都合がよいのである。

また、動物介在療法の章でも述べたように、イヌやネコは言葉抜きのコミュニケーシヨンの相手として最適であると同時に、体温が高く柔らかい毛皮に包まれていて、言葉を介さなくても、なでる、顔をうずめる、といったかかわり方ができる。心のエネルギーがかなり低下しているときには、「ネコも喜んでいる」といった解釈するのさえ負担になる。そういう場合には、母親の胸に包まれる幼児に戻ったかのように、イヌやネコのおなかや背中に顔をうずめることもできる。

「無償の愛」は人間に都合のいい解釈

職場や家庭内の人間関係で極限まで疲れきっていたある女性は、診察室でこう語っていた。

「ウチには大型犬がいるんです。これまで大型犬って飼うのがたいへんだな、と思っていたのですが、今回は本当に助けられてます。あの大きなからだに寄りかかっているだけで、なんだか安らぐんですよね。すっかり頼りきっている状態です」

先述したように、言葉やコミュニケーションのプロである齋藤孝氏も「かわいいという以外、話がない」というほどイヌを溺愛している。おそらく言葉を扱う仕事だからこそ、仕事以外の場では言葉を介さない関係、「かわいい」以外の表現が必要ない対象をより強く求めたくなるのだろう。

また男性の場合には、会社での競争での疲労をイヌやネコが癒してくれる、と話す人も多い。

「会社では実績を上げられないとダメなヤツ、と見られてしまうけれど、仕事で失敗して帰宅したときもイヌはいつもと同じように喜んで迎えてくれる。帰りが深夜になって家族がグーグー寝ているときでも、イヌだけは玄関に飛んでくるんです。帰りが遅い、といつも超不きげんな妻に見せてやりたいですよ。あれこそが〝無償の愛〟というやつですよね」

これをイヌという動物の性質や本能と見ずに「無償の愛」と考えるのは、人間の勝手な解釈であろう。もちろん、その行動を勝手に自分に都合よく解釈してそれで「救われた」「癒された」と思えるところにペットのよさはあるわけだが、「動物の愛は無償で無条件、人間の愛は打算的」と比べるのはあまりに短絡的なのではないだろうか。

「揺るぎない善」がほしい

最後にもう一点、指摘しておきたい。

「稼ぐが勝ち」と唱えたＩＴ長者がヒーローになったかと思うと、逮捕されて悪者扱いされたりと、今は何が「善」で何が「悪」なのか、価値観の定まりにくい時代である。

人々の心やメディアも、境界性パーソナリティ障害の人がそうであるように「極端な白」から「極端な黒」へと激しく揺れ、それに伴ってタレントや政治家の人気が急上昇したり、バッシングされたりしている。おそらく大人たちもわが子に、「これが正しいこと」という指針を示せずにいるのではないだろうか。

こういう時代だからこそ、「これは間違いなくよいもの」ということには多くの人が殺到、集中する傾向がある。そのひとつが「環境問題」であろう。たとえば「エコバッグを持とう」という運動に対して、「これは間違っている」と批判することはむずかしい。そうなると、日ごろは地球温暖化を防ぐための工夫などしていないような女性たちまで、われ先にエコバッグを持とうとする。

おそらくその人たちは「環境を守るために」と思いながら、「私は誰から見てもよいということをしている」と自分自身に満足しているのではないか。それほど、ほかには「これは絶対的によいこと」と思えることがなく、何をしていても「いつかこれも間違っていた、正しくなかった、いう日がやって来るのではないか」と不安を感じているのだ。

動物愛護の章でも述べたように、イヌやネコをかわいがることやその保護活動をすることも、今のところは誰から見ても批判されないこと、絶対的に善とされることのひとつである。

ただし、まわりからも批判しにくい環境運動や動物愛護運動が過激化しがちであることは、前にも述べた通りである。これも、逆に考えれば「これこそが善」と思えたものにはまったく客観性を失ってのめり込んでしまうほど、日常の中には今や「揺るぎない善」がない、ということなのではないだろうか。

あとがき

私には子どもがいない。

同じ年の川島なお美さんは、結婚を控えて「芸能界最高齢出産に挑戦する」と息巻いているが、私にはもうそんなこともなさそうだ。

最近、本田和子氏の『子どもが忌避される時代』（新曜社、二〇〇七年）という本を読んだ。社会全体が、「子どもを持つ」という時間もお金もかかる行為を忌避している、というのだ。また、少年犯罪の過剰な報道なども「子ども嫌い」の雰囲気に拍車をかけているそうだ。

私もそうなのか、とあらためて考えてみたが、とくに子どもを忌み嫌っていたわけでも、自分以外のためにはいっさい時間を使いたくない、などと思ってきたわけでもない。読み進みながら私は、知らず知らずのうちに「これまでペットのためには時間も労力もすごく使っているし、決して自己チューなんかじゃない」などと、ペットのことを引き合いに出しながら本田氏に心の中で反論を試みていた。

しかし、途中ではたと思い、そして混乱した。イヌやネコのためならどんな労苦もいとわないこの私に、なぜ子どもがいないのか。むしろ、子どもがいないからイヌやネコ、ということなのか。いやいや、やっぱり私の場合、イヌやネコがすでに「かわいい子ども」ということなのか……。

いくら考えても、結局よくわからなかった。ただ、本田氏は「子どもを持つ」というのは、単なる私的領域を超えた問題のはずだ、と主張する。それは、「生き物のなかの『人』という種を、絶滅から守る」ための公的行為だというのだ。

だとすると、私は完全にその路線からは逸脱していることになる。

「種として失格か……」と落ち込んだ私の膝の上に、ポンとペットの中ではいちばん若い黒ネコが乗ってきた。こんなダメな私のところにも寄ってきてくれるなんて。私は、一瞬前には絶望していたことも忘れ、その無邪気さとぬくもりに心満たされていた。

イヌやネコにしか心を開けない、ペットさえいれば何もいらない。

でも、そんなのって人として、やっぱりどこかおかしい。

いや、そうはわかっているんだけど、やっぱりこのカワイイものはカワイイし……。

格差問題など深刻な社会問題が山積みの中で、ペット問題についてグルグルと考えた過程を本にするなんて、と怒られそうな気もする。もし怒られたら、「イヌネコにしか心を開けない人の話、なんてどうかな？　実は、私もそうなんだけど」という話に乗ってくれた幻冬舎の小木田順子さんにも、責任の一端を押しつけることにしよう。小木田さん、よろしくお願いします。

そういえば、これから子どもを、と宣言した川島なお美さんは、芸能界きってのイヌ好きとして知られている。このように、動物好きでありながら〝子どもも忌避しない〟というのが、もしかするとこれからの理想の生き方と言われるのだろうか。

子どももイヌネコも、なのか、子どもかイヌネコか、なのか。その分かれ目はいったいどのあたりにあるかについてはまたいつか考えることにして、とりあえず今夜はネコたちの写メでも撮って誰かに送ろう。

二〇〇七年暮れに

香山リカ

著者略歴

香山リカ《かやまりか》

一九六〇年札幌市生まれ。東京医科大学卒業。

精神科医。帝塚山学院大学人間文化学部教授。

豊富な臨床経験を活かし、現代人の心の問題のほか、

政治・社会批評、サブカルチャー批評など幅広いジャンルで活躍する。

『スピリチュアルにハマる人、ハマらない人』(幻冬舎新書)、

『おとなの男の心理学』(ベスト新書)、

『なぜ日本人は劣化したか』(講談社現代新書)、

『「悩み」の正体』(岩波新書)、

『頭がよくなる立体思考法——R-Fの法則』(ミシマ社)など著書多数。

幻冬舎新書 070

イヌネコにしか心を開けない人たち

二〇〇八年一月三十日 第一刷発行

著者 香山リカ
発行者 見城 徹
発行所 株式会社 幻冬舎
〒一五一-〇〇五一 東京都渋谷区千駄ヶ谷四-九-七
電話 〇三-五四一一-六二一一(編集)
〇三-五四一一-六二二二(営業)
振替 〇〇一二〇-八-七六七六四三
ブックデザイン 鈴木成一デザイン室
印刷・製本所 図書印刷株式会社

Printed in Japan ISBN978-4-344-98069-3 C0295
か-1-2

幻冬舎ホームページアドレス http://www.gentosha.co.jp/
＊この本に関するご意見・ご感想をメールでお寄せいただく場合は、comment@gentosha.co.jpまで。

幻冬舎新書

香山リカ
スピリチュアルにハマる人、ハマらない人

いま「魂」「守護霊」「前世」の話題が明るく普通に語られるのはなぜか？　死生観の混乱、内向き志向などとも通底する、スピリチュアル・ブームの深層にひそむ日本人のメンタリティの変化を読む。

大野裕
不安症を治す
対人不安・パフォーマンス恐怖にもう苦しまない

内気、あがり性、神経質——「性格」ではなく「病気」だから治ります。うつ、アルコール依存症に次いで多い精神疾患といわれる「社会不安障害」を中心に、つらい不安・緊張への対処法を解説。

斎藤環
思春期ポストモダン
成熟はいかにして可能か

メール依存、自傷、解離、ひきこもり……「社会」を前に立ちすくみ確信的に絶望する若者たちに、大人はどんな成熟のモデルを示すべきなのか？　豊富な臨床経験と深い洞察から問う若者問題への処方箋。

福澤徹三
自分に適した仕事がないと思ったら読む本
落ちこぼれの就職・転職術

拡大する賃金格差は、能力でも労働時間でもなく単に「入った企業の差」。この格差社会で「就職」をどうとらえ、どう活かすべきか？　マニュアル的発想に頼らない、親子で考える就職哲学。